老不……你準備好了嗎？
一本書……居家照護困境！



# 在宅安心顧

## 圖解 長期照護指南

總審訂 蔣曉文

失智、失能、中風、插管、癌症、脊髓損傷……
24小時無法輪班的長期照護，綑綁你我人生！

——長照護理專科主任審訂，最貼近台灣的居家長照圖文書——

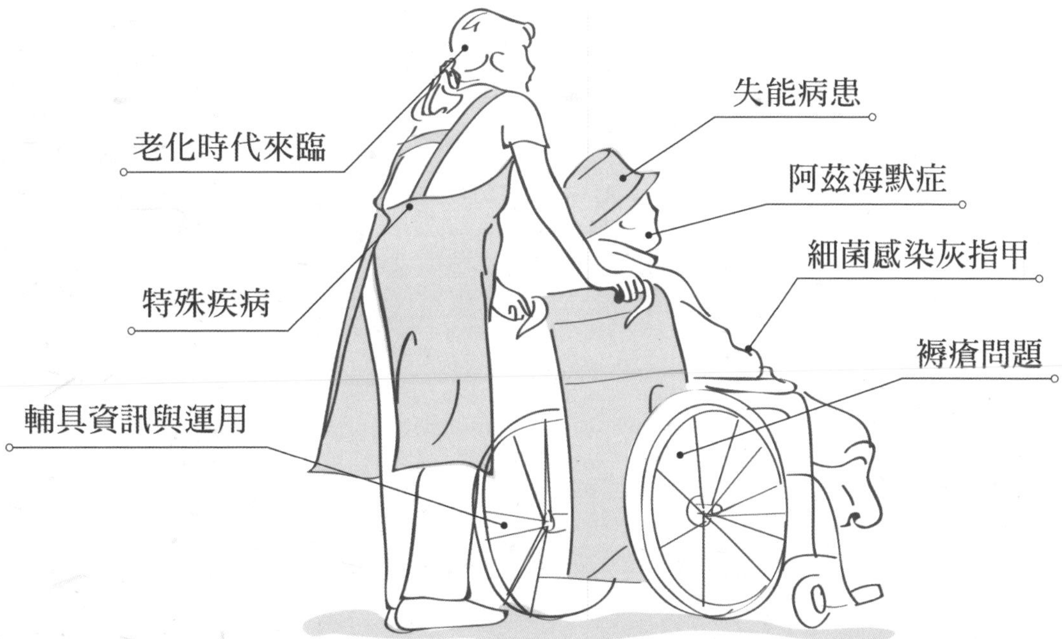

# 目錄



## PART 1

## 在宅多向度，滿足台灣照護需求

# PART 2

## 在宅安心顧，居家照護現場

PART 3

# 在宅陪伴住，居家照護後花園

#【總序】長照2.0再升級，讓你我都能在宅安心顧

蔣曉文（臺北市立關渡醫院－長期照護科主任）

## 在地老化、安心養老不是夢？

如何能夠在地老化、安心養老呢？相信這是一個巨大且不容易的命題！在高齡化、低生育率、少子女化的未來，假使遇上可能面對的突發問題，例如：先天或後天疾病、意外事件、老化失能、失智等，種種無法獨立自理的時候，我們該如何尋求可供依賴的支持性照護，一方面讓自己可以在宅舒適地安老，一方面降低親友的負擔，讓彼此都不捲入長期照護的可怕噩夢……

隨著醫療科技的進步，死亡率下降，平均餘命的延長及出生率的下降，我國整體人口結構快速趨向高齡化。

依據內政部人口統計資料統計，二〇一八年六十五歲以上佔總人口比率已超過十四%，由於老年人口逐年攀升的影響，未來生產人口由二〇一六年每五點六位生產者負擔一位老年人口，到了二〇六一年則轉變為每一點三位生產者需負擔一位老年人口，顯見台灣家庭中長期照護的需求也將越來越大！

政府為了建立完善的長照體制，二〇一六年十二月十九日行政院核定「長期照顧十年計劃

2.0」，期藉由發展以服務使用者為中心之多元連續性服務模式，針對老化族群的健康促進與失能預防做出迅速而有效率的因應措施，以期達成促進成功老化、活躍老化的目標。

長照十年計劃政策之規劃，係以居家、社區服務為主，機構式服務為輔，並積極鼓勵各地方政府結合民間服務，提供單位共同投入資源建置行列，落實在地老化、安心養老的企望。

## 在宅安心顧，圖解長期照護指南

本書囊括了長照長者的食、衣、住、行、育樂等全方位照護技巧，同時收錄日常疾病的預防療護，或是突發狀況處理，以及長照家庭的心路歷程與真實告白，兼顧病患和家屬的生理及心理需求，提供被照顧者和照顧者，一個居家照顧個別方針，同時彙整了幾大重點：

**PART 1 在宅多向度，滿足台灣照護需求**

長期照顧的需求可以再細分為輕度、中度、重度，不管居住在社區或機構中，照顧目標都是增進、維持失能者的獨立功能。針對現行台灣長照政策的行動和協助，以及從醫院、居家到社區的連貫式長期照顧服務，再到出院，評估轉回居家照顧的安心路程。

**PART 2 在宅安心顧，居家照護現場**

從出院到回家，正好是病患建立生活的最好時機，一旦拖延，對於生活積極的企圖也可能變得低落，導致原本能自主進行的日常行為，反而再也學習不起來，重建日常行為流程，包括營養進食、穿脫衣褲、沐浴清潔、居住空間、行走坐臥、精神層面等幾大面向，幫助病人與照顧家屬之間，共同提升生活品質。

## PART 3 在宅陪伴住，居家照顧後花園

本章重點在長照者易罹患疾病的預防及家屬支持；長照者在身體衰弱、免疫力差的情況下，往往會隨著身體狀態的低落，冒出一個接一個的疾病或併發症，包括心血管疾病、糖尿病、感染、失智症、腎功能衰竭、骨質疏鬆、膝關節退化等，因此，文中針對上述疾病預防，提出如何在日常生活中的各個細節著手，或早期發現、早期治療，以避免這些疾病的產生或惡化。

長照之路漫漫，面對身心俱疲的照顧過程，家屬往往是孤單、孤獨的，因此在本書之末，特別專訪兩位家屬，藉由他們真實的心路及心態轉變的歷程，提供生活模式的重建及舒緩自己的情緒壓力指引，讓家庭功能可以繼續運作下去，同時疲累的自己可以得到一些喘息空間，更在照顧病人與兼顧自己原有生活之中，取得較佳的平衡點，並且找到相互扶持、打氣的力量，繼續堅持這份長期照顧的重責大任。

透過不斷地蒐集資料、多諮詢他人與保持彈性，找到屬於自己的照顧方式，協助長照者在家終老，並不是一個遙不可及的夢想；希望朋友們在閱讀此書後，在面對長期照顧時，能幫助自己及家人在這段路上，走得更為快樂、平穩。

PART
01

# 在宅多向度，
# 滿足台灣照護需求

長期照顧的需求，可以再細分為輕度、中度、重度，不管居住在社區或機構中，照顧目標都是增進、維持失能者的獨立功能。

目前，我國的老年人口高達兩百八十一萬人，依國家政策發展委員會估計，到了二〇四五年，每三個人就有一個老人，從「高齡化社會」進入「超高齡社會」。因此，解決長照問題將是政府政策關注的議題。

第1章

# 台灣長照政策的
# **行動和協助**

「長照 2.0」透過「社區整合服務中心」、「複合型服務中心」及「巷弄長照站」，建立綿密的服務網絡；同時，也於社區化及在地化的精神下，整合中央及地方政府資源，共同開創因地制宜及包裹式的服務。

# 01

# 「長期照顧」的意義及服務對象

## 照護資源申請的方法

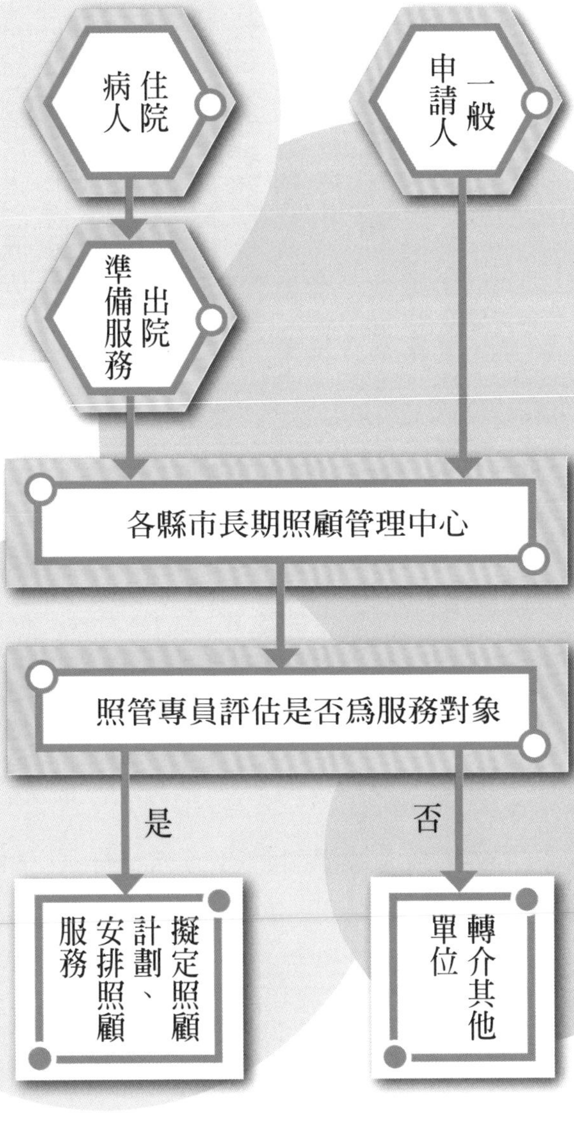

長期照顧（Long-term care）這件事的定義，指的是不管什麼原因，例如：先天、後天的疾病、意外事件、老化衰弱造成的失能、失智都包含其中，只要日常生活無法獨立自理，需要長時間倚靠他人、醫療或生活照護的支持系統幫助。

長期照顧的需求，可以再細分為輕度、中度、重度，**不管居住在社區或機構中，照顧目標都是增進、維持失能者的獨立功能**。目前，我國的老年人口高達兩百八十一萬人，依國家政策發展委員會估計，二〇二〇年我國老人人口將達三百八十萬四千人，二〇二五年將會逼近五百萬人，屆時我國的老人人口將超過二十%，到了二〇四五年，每三個人就有一個老人，從「高齡化社會」進入「超高齡社會」。

另依衛生福利部推估，若將身心障礙者照顧人數一併計入，二〇一八年我國需求長期人數為五十八萬八百一十四人，二〇二八年則高達八十一萬一千九百七十一人，因此，解決長照問題將是政府政策關注的議題。

## 從長照1.0走入長照2.0

政府的長期照顧發展政策，一直以積極策略性方向推動，服務理念包括：前衛之健康、照顧積極的基本人權及照護公平化、個別化、人性化、團隊化，期待符合社區民眾所需。從一九九八年的老人長期照顧三年計劃，到二〇〇七年至二〇一七年的長期照顧十年計劃，以及二〇一五年通過「長期照顧服務法」，到現階段推行的長期照顧十年2.0計劃，都是針對個案的失能程度與照顧需求的不同，經過詳細的個案評估，提供免費諮詢以及多元服務，包含：居家服務、日間照顧、家庭托顧、營養餐飲、交通接送、居家護理、社區及居家復健、喘息服務等。

「長照1.0」所提供的服務對象大多以失能的高齡者為主，包括：六十五歲以上失能老人、五十五歲以上失能山地原住民、五十歲以上失能身障者、五十六歲以上IADL失能獨居老人。透過政府編列公共預算，以重度失能及中低收入戶優先，普及到一般需求戶。

服務項目則依失能者、家庭照顧者的需要，提供「八大項」長照服務，服務費用政府補助七十%，若是中低收入戶或低收入戶的民眾，政府補助服務費用分別為九十%、一百%。這八項長照服務為：照顧服務（居家服務、日間照顧及家庭托顧）、交通接送、營養餐飲、輔具服務、居家護理、居家及社區復健、喘息服務、長期照顧機構服務。

長期照顧十年計劃1.0，全台僅有十七萬到十八萬人接受服務，需要照顧的老人中約只有三十%受益，因此於二〇一六年立法通過施行長期照顧十年計劃2.0版，擴大服務對象及服務項目，整合正式和非正式的社區資源，朝向社區為基礎的整合是照顧服務體系發展。

透過綿密的長照服務資源，集結多元照顧服務方案，建構一個「找得到、看得到、用得到、付得起」的長期照顧服務。

有長期照護需求的個案和家屬，可依意願、健康狀況、經濟狀況作選擇，從支持家庭、居家、社區到機構照顧的多元連續服務，加上在地、即時、便利的社區照顧，能夠提升失能病患生活品質及獨立生活的能力，讓民眾實踐安心養老、在地老化的目標。

# 02

# 從「在地養老」出發，社區整合服務中心、複合性服務中心、巷弄長照站

## 長照 2.0 下的 ABC 單位

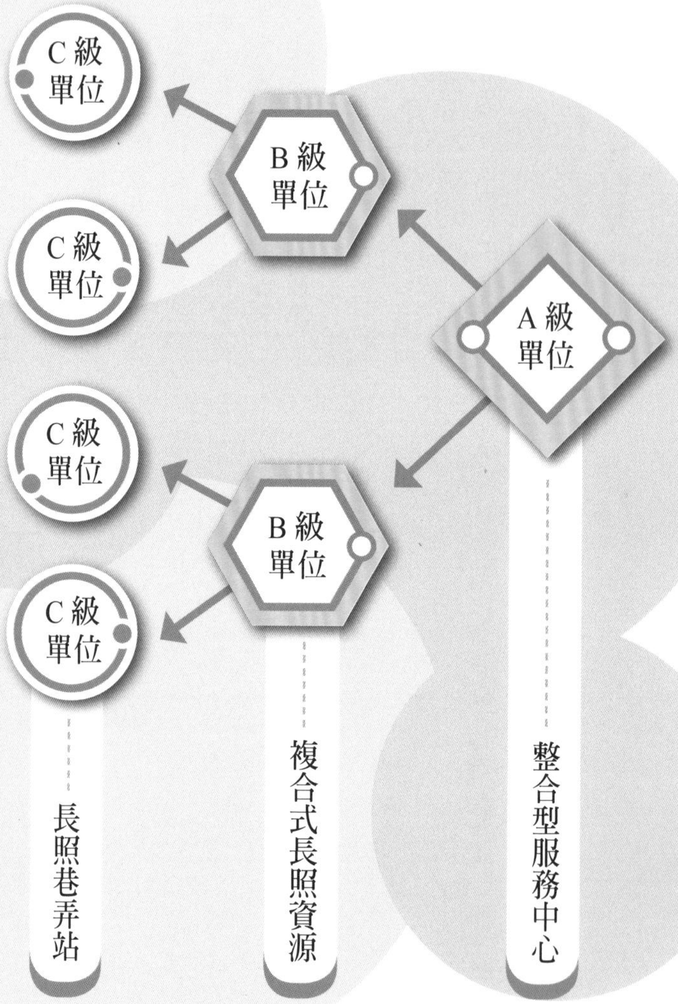


註：一個A級單位可串聯多B、多C

老了之後，希望住在哪裡，和誰一起住呢？現代人邁入工商社會，傳統大家庭互相照料的結構慢慢改變，因為工作、求學，無法一起住或親自照料的兒女越來越多，以前「在地老化」是自然現象，現在卻需要透過引進多方資源，才能達成。

正因如此，長照2.0提出了所謂深耕社區的長照ABC方案，整合各種財團、社區和醫療資源打造，透過設立A、B、C級單位，建立一層一層的長照單位關係，每個A單位搭配各類專業服務，照顧服務，而每個B單位又串聯社區、長照站、關懷站、長青站、里民活動中心等，使得照護資源能夠播種至各個社區，綿密提供完整脈絡。

**A級單位：由社福基金或醫療單位設立的整合型服務中心，藉由在地服務輸送系統，整合及銜接B、C級資源**，除了以個別家庭為單位進行個案管理外；對有照護需求的家庭提供金額或需求評估；統籌、聯繫、宣導、專業照護服務計劃都在它的執行範圍內，如同長照旗艦店的概念。

**B級單位：**一如長照專賣店的存在，同樣**可由醫療或社福機構組成，提供的是複合式的長照資源**，例如：居家服務、專業照顧、喘息服務、復健等……總共多達十七項長照資源可供申請。

**C級單位：**設置於巷弄中，像是隨處可得的長照柑仔店，**協助有需求者在自宅附近就能找到資源**，包含巷弄站、鄰里長辦公室等都屬於資源的一部份。

透過A、B、C級單位的資源整合，除了對於重症、行動不便的失能病人提供必要的醫療協助外；對於輕、中度失能患者來說，逐漸老化或因疾病退化的生理，也能透過社區復健站、延緩失能計劃，舉辦課程與活動，復健之餘，同時減緩病人失能的情況。

### 居家小提醒

為了避免長照資源的城鄉差距，在任何地方、任何地點，只要**透過電話撥打全國長照專線一九六六就可獲得相同資訊與協助**。如果不清楚什麼服務可以使用、什麼服務不能補助，也可撥打一九六六，預約照管專員到府評估，能獲得什麼補助，馬上就一清二楚，不用勞師動眾申請之後，才發現不能使用，徒增照護時間跟壓力。

- 全國長照專線：一九六六
- 衛福部長照2.0網站：

## 長照2.0之下，繁花齊放的地方照護

建立在全國統一的長照2.0基礎概念上，不同縣市政府也增加了不同程度的運用，目前，**台北有社區石頭湯據點，提供長輩「一站式整合服務」**，由護理專業的「個案管理員」，針對當地不同需求的家庭，給予不同的居家照顧，營養餐飲、復健、環境

改善都包括在其中；而新北市則有黃金自立包，針對黃金復健期的病人，由職能治療師、居家護理師、營養師、照管專員共同組成照護團隊，提供病人黃金期的密集治療；另外，往南走的屏東也有家庭托顧站設置，由縣政府仿效日照中心，建造小規模的社區型托顧站，協助民眾取得照服員的合格證照，在家進行「托老」的工作。

這些繁花齊放的照顧服務，在尋找照護資源時，不妨先透過各地方政府的網站蒐集資料或電話洽詢照管中心，才不會錯過特殊資源的申請。

## 找得到、看得到、用得到、付得起的服務

台灣民眾對未來最擔憂的一件事，即是——老了，該怎麼辦？更細膩的講，其實是：「當我老了、失能了，到底誰可以來照顧我？」

為了要彌補「長照1.0」的限制，行政院在二〇一六年核定通過長期照顧十年計劃2.0，有別於1.0計劃，是希望發展一個以使用者為中心的連續性服務模式，建構出完整的「找得到、看得到、用得到、付得起」的服務，方向包括：擴大服務對象（加入失智症患者、失能平地原住民、四十九歲以下身心障礙者、IADL失能的衰弱老人）和服務項目。

「長照2.0」服務對象從過往1.0的符合受益五十一萬一千人，增加至七十三萬八千人，成長約四十四%；而服務項目的增加，彈性擴大了「長照1.0」的服務項目，從八項增加到十七項，向前延伸至預防階段、向後延伸至安寧服務，包括：失智症照顧服務、原住民族地區社區整合行服務、小規模多機能服務、家庭照顧者支持服務據點、社區整合服務據點與模式、社區健康促進、預防照護、銜接出院準備服務、銜接居家醫療與安寧。

「長照2.0」主要的重點，在於推動社區整體照顧模式，透過「社區整合服務中心」、「複合型服務中心」及「巷弄長照站」，建立綿密的服務網絡；同時，也於社區化

及在地化的精神下，整合中央及地方政府資源，共同開創因地制宜及包裹式的服務。如果將長照想像成餐廳點餐，將常見的幾種項目搭配好成為超值套餐，民眾可以在補助總時數、總金額內，依需要彈性使用多項服務，增加使用長照服務的彈性與便利性，打破「單一給付對應單一項目」限制。

另外，透過稅用，指定遺產稅、菸稅等稅收，每年至少能獲得三百三十億元的長照基金，用以建設可近性、平價與優質的台灣社區整體長期照顧體系。

## 在地老化的終極目標：回歸社區、回歸家庭、回歸自然

長照政策實施之前，臥病在床的失能病人，往往被當成「醫院白菜」一般照顧，因為無法移動或走入戶外，所以總是白白胖胖，需要每隔幾個小時就例行性的協助病患翻身。而長照2.0的目的，除了朝向「善終之路」邁進之外，同時也希望協助失能病人回歸自己熟悉的家庭、社區，使其於生命最後一段日子，能活得更有尊嚴、更有品質。

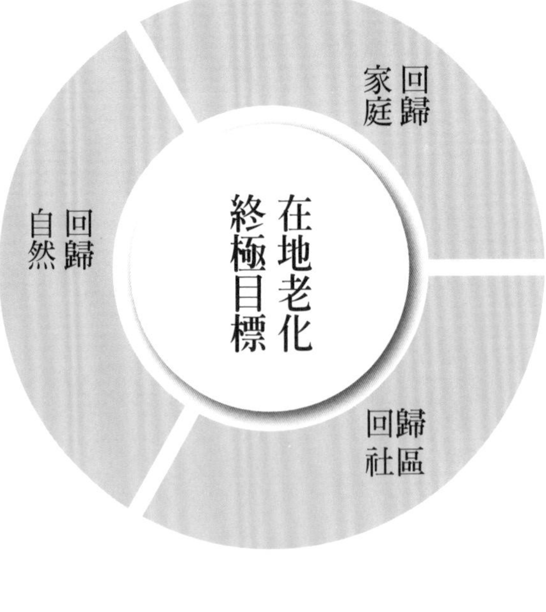

# 第2章

# 從醫院、居家到社區的
# **連貫式長期照顧服務**

有了長照 2.0 的基礎，我們該如何在這些百花齊放的政策上，得到實際的資源與協助呢？

從醫院、居家，一直擴展到社區，連貫式的長期照顧服務申請，能讓病患從住院開始，到出院的後續照顧，都能獲得最完善的資源與協助。

# 01

# 醫院轉銜社區、居家照顧的長照資源：急性後期照顧服務、出院準備服務

## 出院準備服務流程

出院前三天，由照管中心或醫院填寫失能評估表。
確認病患資格和意願，填寫相關申請書或同意書。
轉介照管中心，由照專於一個月內擬訂照護計劃，評估需要服務。
病患出院後一個月，長照服務直接銜接到府。

## 什麼是無縫接軌的「出院準備服務」？

出院準備服務的對象，是病情複雜、有失能之虞，無法自理生活的病患，然而因病情穩定，已可出院返家。病患家屬此時可藉由醫院護理人員轉介該院的「出院準備服務」中心，出院前三天，護理人員就會完成相關的失能評估，將評估資料轉予長照管理專員，以便照專後續擬定照護計劃，或轉介適合的機構。

因照專的評估有時效限制，所以通常個案於出院時，就能立即獲得妥善照顧。目前已可做到病患在出院當週就有物理治療、職能治療師到家訓練患者吃喝、走動；照服員到家協助沐浴等立即性居家服務。

## 當病人出院回家前，「出院準備」即開始啟動

良好的出院準備，為了確保病人能夠在出院後，仍能獲得妥貼的照顧，從住院期間開始，護理人員就會提供相關疾病的指導、衛教，除了提升病人和家屬的自我照顧技能外，在出院前幾週，將開始進行個案評估，協助轉介長照管理專員，並提供社區照護資源等申請資訊，使家屬和病患能在出院後，減少徬徨無助和學習負擔。

諮詢出院準備服務時，你一定要認識的兩個人、三件事：

一、**出院準備小組個管師（簡稱出備個管師）**

提供各種出院所需資訊，包括照顧技巧、解說長照資源（機構或輔具諮詢建議）、協助申請補助等，各家醫院負責單位不大一樣，但通常是資深的護理人員。

二、**長照管理專員（簡稱照專）**

政府的長照服務管理中心員工，護理或社工背景，了解社區中的各種資源。申請長照服務時，照專就會到申請者家中做失能程度、治療計劃、照顧資源等的評估，核定出可補助的服務時數，甚至提出照顧

內容、目標的建議。住院期間有長照需求，也可直接與照專聯繫。

### 三、了解各種照護保險和長照資源申請

預先了解照護保險，對於未來申請各方資源和補助相當有幫助，除了自己上網蒐集資料外，適度的了解一下《長期照顧保險法》也是很好的方法。

如果沒有時間蒐集資料，諮詢醫護人員、社工專家或撥打長照專線一九六六，則是最快速、方便建立起資源的方式。

### 四、出院前申請病歷摘要

申請病歷摘要，是出院前必做的一項行動。如果原本就有定期配合的門診醫生，不輕易變換醫生看診，才能確保病患長時間的狀況都被醫生掌控透徹。然而，一旦遇到被迫請另一醫療團隊接手的情況時，簡單病歷摘要，仍然是最好讓新團隊立刻知曉狀況的工具。

### 五、建立援助管道

除了撥打電話至各縣市政府的照管中心進行諮詢外，上網搜尋「長照服務資源地理地圖」或加入病友協會，也能累積援助、溝通管道，不僅能獲得最新資訊，有時與其他病友家屬互相聊聊，也是一種幫助情緒和壓力獲得適當緩解的好方法。

除此之外，記下可提供援助的協助者電話，抄在隨時能找到或看到的地方，一旦發生突發事件或緊急醫療需求時，就能立即獲得協助。

## 黃金復原期的急性後期照顧

以往的急性後期照顧服務（PAC）復健精進計劃，專門指腦中風和燒燙傷的病人，現在，除了這兩類病人，PAC計劃又加入了創傷性神經損傷、心臟衰竭、脆弱性骨折和高齡衰弱的病人，將照顧的對象更加擴大。PAC計劃中的病人，只要把握黃金復健期，每天多進行二到三次的復健，就有機會在短時間內恢復原本正常的生活。

**PAC的復健規劃，就像是「考前衝刺班」**，相對於一般復健病房平均一天一到

二次，PAC病房經過專業醫生評估後，會將次數增加至三到五次，同時整合各方資源，形成一個獨特、跨專業的合作團隊，讓病人的復健更有效率跟效能。由於比一般病房復健的次數還多，因此，家屬的配合和鼓勵對於病人來說，又更加重要。

必須注意的是，並非所有範圍內的病人都適合PAC計劃，需要經過醫療團隊評估復健的潛能，評估通過後，才會進行功能評估，後續訂定符合病人狀況的個人化治療。

在病人度過急性期之後，PAC目前也設有「急性後期整合照顧居家模式」，讓病人回歸社區的同時，也能轉介至住家附近設有「急性後期照顧團隊」的醫院，持續接受高強度的復健、衛教指導和評估進步情形，直到病人恢復健康狀態。

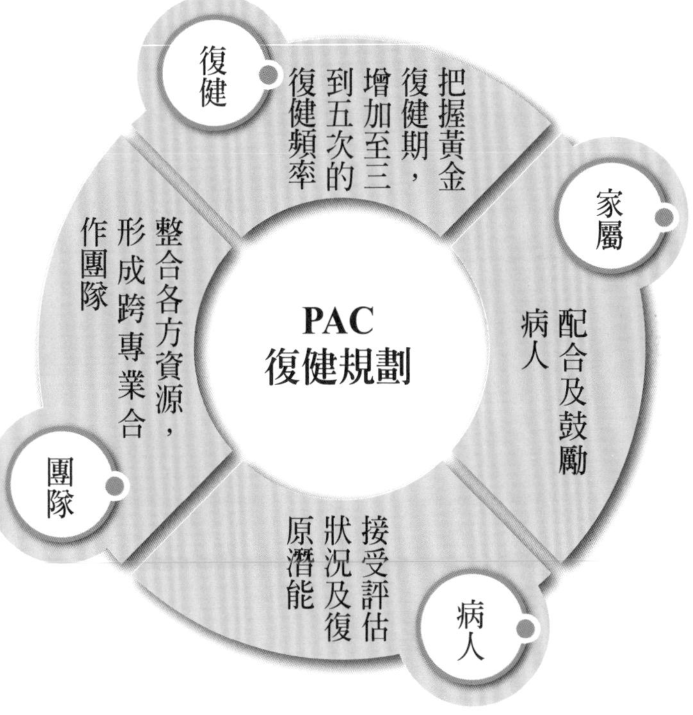
PAC
復健規劃
復健
把握黃金復健期，增加至三到五次的復健頻率
家屬
配合及鼓勵病人
病人
接受評估狀況及復原潛能
團隊
整合各方資源，形成跨專業合作團隊

# 02

## 囊括輕症到重症，居家醫療整合服務

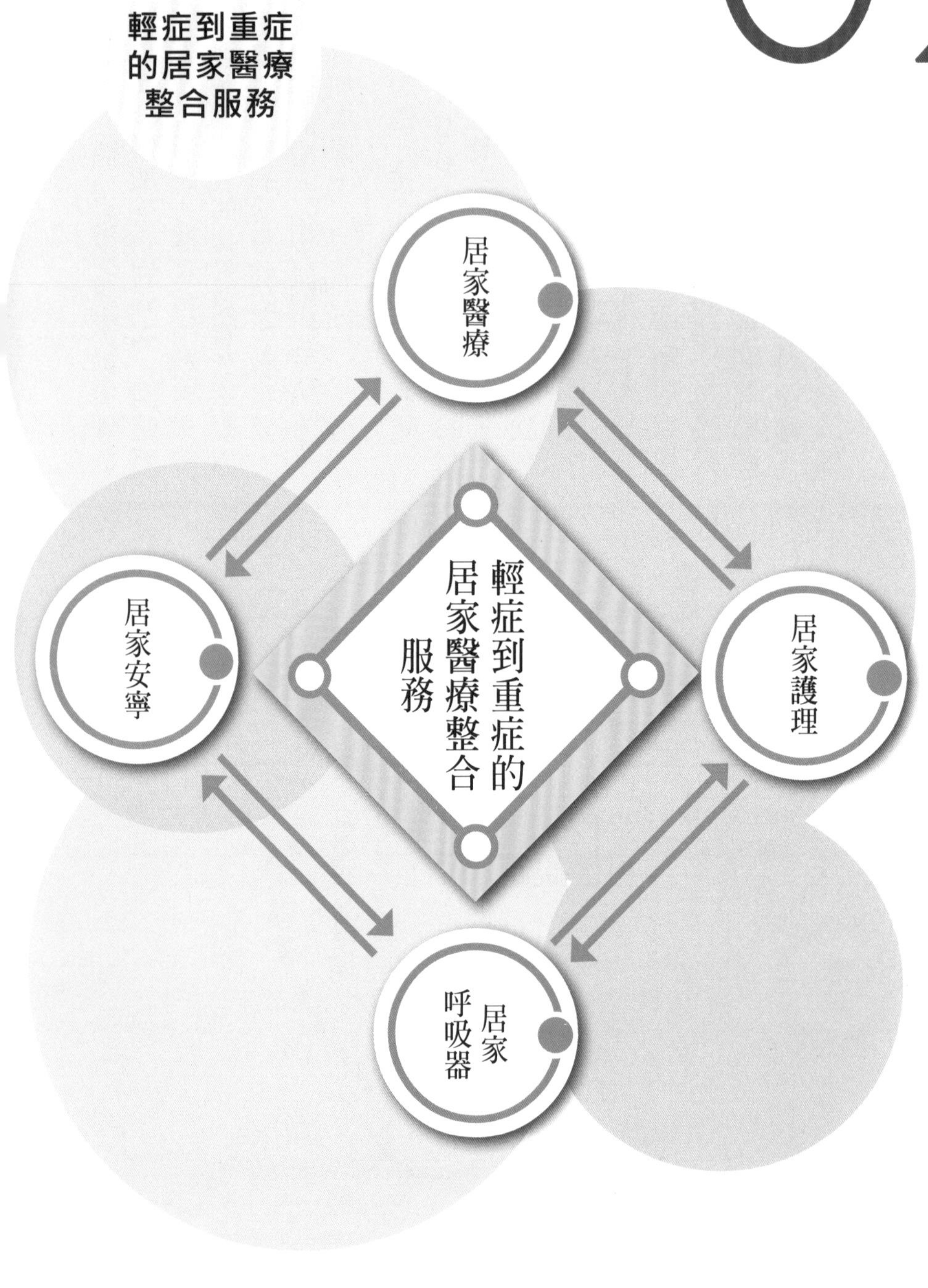

以往的老人照護，將醫院治療、家中照護切割為兩種完全分開的照護概念，然而居家醫療提供了另一種照護選擇，同時兼顧到病患的家庭生活，又能避免家屬單獨面對突發狀況，建立起二十四小時的支援系統。

**連結在地老化的觀念，讓長者能夠在生命的最後一段路回歸熟悉的住家**，等到有需求再回到醫院，讓病患能夠活得更有尊嚴、更健康自在。

居家醫療整合服務，囊括了病患輕症到重症的疾病過程，有時輕症病患可能會隨著功能退化，轉而需要居家護理、居家呼吸器，甚至居家安寧的協助；有時也可能相反，由重症的居家護理、呼吸器，復能到居家醫療的狀態，因此這樣的服務是一種流動的服務型態，依據不同的需求，家屬能夠協助病患選擇最適合的照護服務。

目前居家長照服務，有多種申請管道，如果是原本就在居家或社區照顧的家庭，可以統一經由諮詢電話：一九六六，向照管中心提出申請；如果失能的病患仍在住院狀態，洽詢醫院的「出院準備服務」，就能協助申請各項服務。

## 醫生到你家，到府醫療服務

需要在家照護的病患，常有失能及行動不便的問題，每每到了就醫回診的時候，就是一場勞師動眾的戰役。

一般家庭除了沒有多餘的照護人力外，一來一往的奔波就醫，也會造成病患身體跟心理上的苦痛。**目前全國有多家醫院都推動到府醫療的服務**，讓擁有長照需求的病患，申請醫生到你家看診的服務。除了方便家屬及病患免於舟車勞頓外，如果不是急切需要救助的大病，也可以減少濫用救護車資源的社會問題。

另外，**目前也有居家護理所的服務**，特約家庭醫師定期到家中訪視，居家護理師則前往病人家中提供護理協助，包括：更換尿管、鼻胃管、氣切管或身體評估與衛教指導。除了有返診聯繫的功能外，遇到緊急情況，也可以直接透過電話聯繫救助。

居家護理在到宅服務中，專門針對病情穩定、無須住院，但仍然有照護需求的病患提供持續性醫療服務。出院後，由居家護理師安排居家訪視，進行身體檢查、管路照護教學及安全評估，可以大幅減少家屬因管道更換，需要搬動病人至醫院的負擔。

相對於居家服務，**照管專員的服務項目也同時包含了非醫療性的處置**，包括送餐、探視等；居家護理則是由專業護理人員，特別針對重症進行醫療處置，特別是抽血、取藥、衛教、管路照護等，有一套較為嚴謹的服務。不管是鼻胃管、尿管、氣管內管的管路脫落，或是緊急病痛跟狀況發生，都可馬上聯繫居家護理師前往，避免家屬或病人因無人諮詢、自行處置，反而造成身體的損傷。

過去健保給付的居家護理，以每月兩次為限，不過，目前的居家整合服務，會依據補助個案的疾病需求，進而增減服務次數，僅需自行負擔部分醫療費用及全額的交通費；至於非健保給付的個案，現在也可自費申請這項服務。

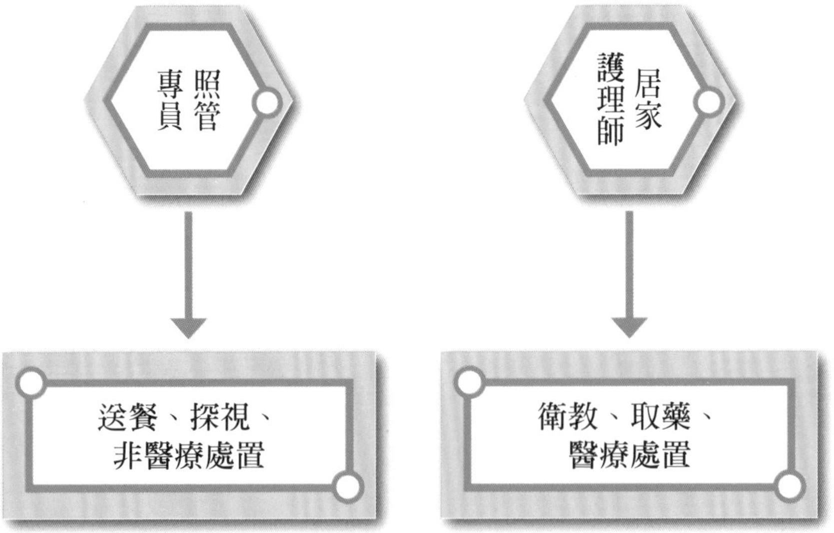

## 順暢呼出一口氣，居家呼吸器照護

當病患因為意外或是突如其來的疾病導致呼吸衰竭，不可避免地面臨呼吸器的留置，無法脫離呼吸器的狀況時，便需要爭取更專業的衛教與醫療資源。然而，如果長期照護的病人有呼吸衰竭的情形，此時，則需要考慮是否有安寧的需要。

呼吸器的照顧，除了透過專責的個案管理師轉介到呼吸照護病房外，也可以申請居家照護服務，照管中心會協助申請「居家呼吸照護」，或是向各地居家呼吸照護所申請呼吸治療師到府服務，呼吸治療師將評估病患是否適合居家呼吸治療設備，同時協助家屬進行選擇，緊急處理的衛教等，對於飽受呼吸障礙困擾的病患來說，透過居家呼吸照護，讓呼吸不再是一種生活困擾，才能有效提升病患的生活品質。

## 居家安寧，協助走完人生最後一段路

居家安寧，讓疾病面臨末期的長照患者能夠在出院及居家療護上，都得到延伸性的照護，及提供居家醫療上的專業建議。

居家安寧的服務對象是疾病末期的病人，**當已無任何積極性治療的可能或急救措施**，同時，**病人及家屬都認同安寧居家療護的理念**，就可以申請居家安寧療護。

為了滿足臨終病人的需求，讓他艱困的死亡過程減少痛苦，安詳、勇敢地面對臨終時刻，**臨終陪伴是一種多元的專業**。除了基本的訪視外，末期症狀控制、善終的準備外，同時也囊括了診察、更換造口、轉介追蹤、電話諮詢等服務。

因此，**居家安寧與安樂死並不同**，安寧團隊並不是完全不給予醫療行為，或是刻意結束病人生命，而是**透過專業團隊提供其他更緩和的治療方式，協助病患度過最後一段安適、有品質的生活**。

即使病人後續臨時出現急性病症，也可以馬上進一步轉介住院服務。

# 03 走入人群，在社區中緩慢變老

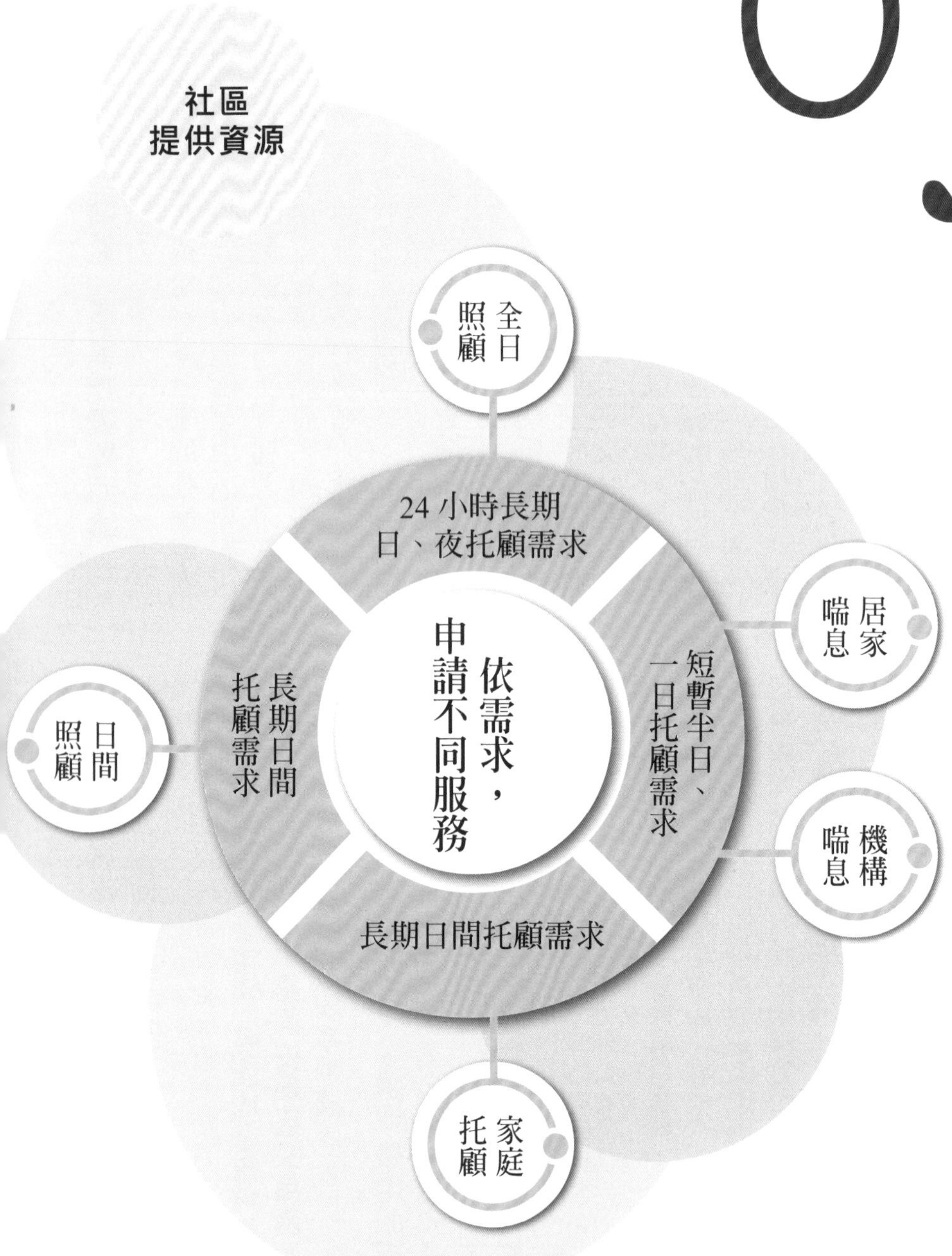

八十%以上的長照家庭家屬需要一邊工作一邊照顧行動不便病患的家屬，雙重的壓力下，家屬身心壓力，以及生理不適的狀況接踵而來，將導致整個家庭的運作與功能被破壞。因家庭人手不足的情況下，長照2.0計劃提供了短期日間或長期進駐機構的喘息服務，除了依天數計算的短期居家喘息服務可以申請外；由社區提供的日間照護機構協助照顧；或是轉由二十四小時的住宿型機構生活，都是一種居家照護支援的好方法。

## 你累了嗎？試試居家喘息服務吧！

目前，許多社區都有居家喘息服務可以申請，讓專業的照顧服務員協助到家中分擔照顧家屬的工作，短暫減輕照顧的壓力和負擔，才能讓家屬與病人的長照之路走得更長遠、更有品質。

喘息服務可以進一步細分為「機構式喘息」和「居家式喘息」，居家喘息服務通常都是採取預約制，必須提前至戶籍所在地的照管中心進行申請，且每年依據殘疾、經濟等狀況，有時數上的限制，在使用上需要特別留意。

有些病人離開家裡會開始緊張、或是有嚴重「認床」的狀況，那麼由照服員到府服務的「居家式喘息」，就較為適合家屬。

## 依據失能程度，選擇適合的機構喘息

由於「居家式喘息」不是全天候的，每天最多僅六小時，「機構式喘息」則是由機構人員提供二十四小時的照顧，因此對於家屬來講，如果需要長時間休息，「機構式喘息」服務將比較適當。使用機構喘息服務，可依失能狀況進行不同的安養機構選擇。

## 社區復能、照顧小幫手：日間照顧中心

除了短期托顧外，也有一種照顧型態，專門針對白天的日間照顧，這樣的日間照護機構類似於托兒所，只是對象換成失能病

人。仍須工作上班、經濟上較為吃緊的家屬，可以透過這樣白天照顧的服務，等到夜晚再接手帶病人回家。

每一間日間照顧中心，都設有護理師、社工、照顧服務員提供專業協助，除了日常照顧外，也會提供簡單的復健服務和休閒娛樂、生活技能訓練等，活動相當多元，對於資格或經濟上無法聘請外籍看護的家庭，將家中失能、失智的病人定期或不定期帶往日間照顧中心照顧，除了能夠盡量維持病人生活自理能力，人群往來的過程中，也能協助病人消除社會孤立感；更重要的是，大大減輕家屬的照顧負擔。

日間照顧服務，對於許多人手不足的家庭也十分的實用，隨著照料壓力日漸上升，選擇日間照護服務，可以幫忙照顧的家人共同分擔長期照顧壓力，給予家人適當的喘息空間。

需要注意的是，**如果已經申請了外籍看護，則不能重複申請日間照顧服務**，目前僅有台北市政府，可於外籍看護請假、脫逃或交接等空窗期時，短期申請日間照護服務。

## 老人的保母：家庭托顧服務

每每父母外出工作時，都會將子女托給保母照顧；等到父母年老，子女外出工作時，如果也能擁有專業保母照顧，是不是就能形成一個良好的生、老、病、死人生循環呢？家庭托顧服務就是以此為出發點，提供子女們另一種照顧選擇。

托顧家庭提供週一至五、每天八小時的協助，如同保母在自己家裡照顧幼兒一樣，托顧家庭也對失能、失智病人進行照顧。

通常一個托顧家庭照顧最多不超過四人，並且必須先按照政府規定，改善家庭內的照護環境、取得專業照輔員的資格，才能進行托顧，因此，通常都有一定的專業程度。

相對於日間照顧服務，「家庭托顧」比較像是小型的、家庭式的日照中心，病患由家屬在夜晚帶回住家照顧。對於山地或是偏遠地區等日照中心較少的地方，是兼顧病患照護不足的好方法，一方面取代日照中心，一方面也能提供社區支持功能，強化鄰里間的互助合作。

## 二十四小時全天候照顧：機構住宿服務

考量到距離遠近、人手與支援，將長照病人安排到全天候的照顧機構也是一種選擇。目前台灣的「住宿型機構」，大致可以分為三大類，一類提供生活可自理的長者住宿，長者與長者間彼此可以互相交流、生活，有時亦會有講座、團康活動等休閒娛樂提供，類似老人院的概念；而另一類則是提供給有專業照顧需求的患者，給予全日的照護服務，統稱為護理之家；最後一類，是近幾年，剛剛發展出來的特殊機構型態：「失智症團體家屋」，專為失智症病人打造出的特殊養護機構。

### 一、安、養護中心

安養護中心通常提供的是自費服務，包含無親屬或生活可自理，不需要特別照護的長者都可以申請入住，設施包含基本的保健服務、休閒空間運用、甚至醫院通報系統。通常是提供年邁病人一個安全、良善的住宿環境，適合生活上仍有部分自理能力的病患。

### 二、護理之家

護理之家相對於安養護中心，較適合長期、慢性有醫療需求的病患。不管是意識清楚、生活無法自理、或是有特殊病症（如：精神疾病、失智症等），生活上需要人照料的病人，都可提供住宿資源。

不過，目前台灣的護理之家，入住的病患群廣泛，與安養護中心之間沒有較多的區分，舉凡生活可自理的病患、生活無法自理的病人，都可入住護理之家，差異只在是否有專業醫療需求而已。

### 三、失智症團體家屋

團體家屋概念指的是：透過社區形式照顧失智症病患，將照顧空間，設計為「家」的型態，有客廳、廚房、寢室，空間安排如同一般家庭。團體家屋只收失智症個案，希望藉由失智症病人彼此間相互照顧、扶持，同時備有一名專業人員，病患每日可以依據自己的習慣，選擇洗澡、睡覺或吃飯的時間，而非由機構決定，使病患居住起來，能有第二個家的感受。

將照護中心打造成家的感覺，對於安撫失智症病人的躁動情緒，有很大的幫助，與同一群人共同生活，較不會使失智症患者感到恐懼及壓力。另外，大門沒有密碼鎖的設計，**讓病患不會有被「關」起來的感覺**，然而為了安全考量，也特別**將門改造成「看不出大門形狀」的設計**，有些團體家屋甚至會配有開門即響的鈴聲，讓照護人員能警覺長者是否離開家屋，是一種兼顧安全與人性的環境配置。

因照護人員皆有失智症照顧背景，所以，團體家屋往往所需花費的費用較高。目前全台團體家屋共有八處，分散在基隆、台北、台中、嘉義、雲林、花蓮、南投。（詳見附錄二）

醫院的目的，如果是為了治療疾病、延長壽命，那麼長照機構，除了長期照護的功能外，最重要的，即是營造「家」的感覺，使病患身處其中，也能在生理、心理同時獲得滿足，安度剩餘的老年生活。

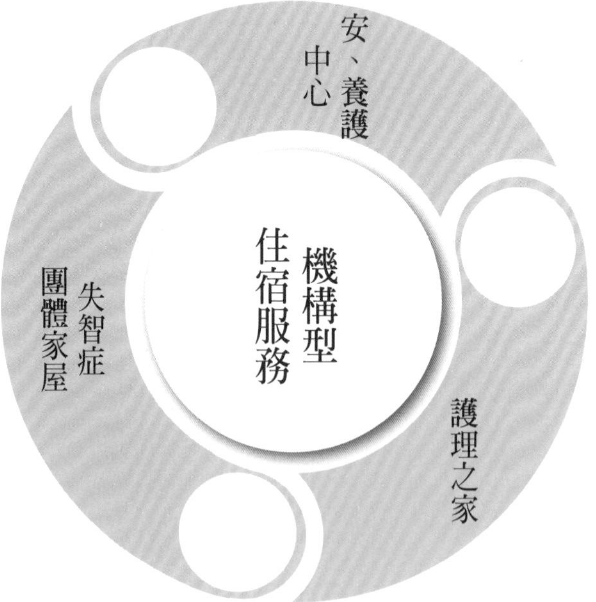

第3章

# 如何判斷自己家人
# **適不適合居家照顧？**

從住院到出院，隨著家人照護需求提高，照護空間、人力該怎麼分配都是一項問題，究竟該選擇機構照顧還是回家自己照顧？

端視家庭與病人的狀況而定。如果人力不足、居家空間也不安全合宜，那麼選擇機構照顧可能是家庭的唯一選擇；如果選擇回家照顧，病人回家前的準備，則需要多方考量、再三注意。

居家照護
vs.
機構照護

# 01

# 出院前，先評估是否轉入機構或居家照顧

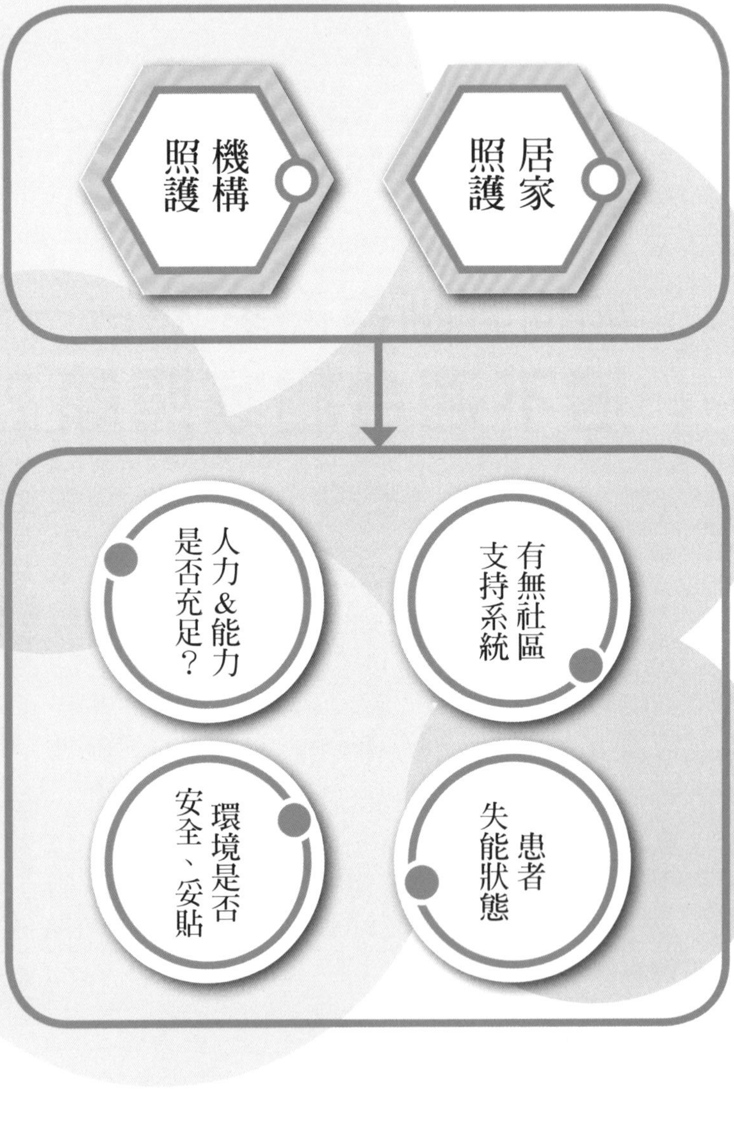

評估是否要將病患接回家居家照護時，有幾項重點需要審慎考量。

**一、自己家庭的人力與能力是否足夠？**

如果家庭成員只有一、兩名，也不符外籍看護申請條件，而其中一名又需要出外工作，剩下的另名成員是否願意肩負起全天照料的責任，又是否能承擔大量、迎面而來的壓力？相反的，如果家庭成員人數眾多，彼此能夠分擔協調照料責任，同時又能互相給予支持，那麼對於病患跟家屬，都會是一個比較良好的照顧環境。

**二、家庭及社區的支持系統好不好？**

家庭或社區是否擁有良好的支持系統，也是評估是否適合居家照顧的其中一項重點，家庭的支持系統包含了經濟狀況、親友支援以及照護者和病患彼此間相互適應的情形；而社區是否擁有良好的長照資源可供申請，有無課程可以使病人在平日學習中，互相參與交流，都是考量重點之一。

**三、環境適不適合居家護理？**

住宅的環境合不合宜，是照顧過程是否安全，最關鍵的因素。如果是行動不便的長者，住宅有沒有電梯能夠讓他往來室內外，不用花費太多精力；居家環境能不能設置扶手，建立基本的無障礙空間；雜物是否太多，會阻礙進出和有絆倒危機，考量完這些，才能讓病人放心入住。

**四、病患失能的程度跟狀態？**

如果病患尚能維持一定的自立能力及安穩情緒，在照料上會相對輕鬆；而如果病患處於失能程度很高，幾乎無法行動的臥床狀況，雖然需要專人隨時左右陪侍，擁有固定照顧步驟，但也較不會耗費心神跟壓力。

相比之下，意識界於清楚到不清楚，行為舉止時常躁動的病人，則會帶給家屬相對大的壓力，因病人雖然有自主能力，卻處在認知功能不全的狀況，因此更容易產生危險。

## 居家照護必知的食、衣、住、行四件事！

當進行居家照護前，必須要理解最重要的一件事：「**生活行為比復健更有效**」，**出院到回家，正好是病患建立生活的最好時機**，一旦拖延，對於生活積極的企圖也可能變得低落，導致原本能自主進行的日常行為，反而再也學習不起來。

同時，重建日常行為流程，也能幫助病人與照顧家屬之間，早點習慣彼此的「新生活模式」。

### 一、食：營養與用藥安全

失能、失智的病患依據疾病類型不同，會有不同種需忌口的食物，假如有缺乏鈣和鎂的問題，可以透過多吃蔬菜和小魚乾都能解決鈣質不足的情況；老年性貧血的病患，則可以透過一些營養豐富的高湯燉品或紅棗、白木耳等中藥材，來增加蛋白質和鐵質的攝取。不管是全穀雜糧類、奶豆魚蛋肉類、蔬菜水果類或油脂及堅果種子類，都要好好確實地進行分配，均衡的分入正餐之間，才能避免營養失衡。

有些病患的病況十分複雜，失能的情況內，可能還包含了許多併發症或特殊疾病，往往一個疾病後面，還伴隨著許多併發症，出院前需事先跟醫院確認，住院前、出院後的用藥是否有特別需要注意跟禁口的部份，正確的依照醫囑使用藥劑，不亂服藥，才不會造成用藥重複和互斥的問題。

### 二、衣：身體衛生與併發症的預防

居家照護的病人由於行動不便，回歸日常生活的第一步，可能就會遭遇到更衣、沐浴的困難，家屬從旁協助，選擇正確、方便的衣物，才能順利完成穿換過程。一般常見的衣著選項，大多為開襟式的上衣或寬鬆、有彈性的褲子，方便家屬一人換穿。

另外，身體的衛生清潔部分，患者的口腔清潔，時常是照顧家屬忽略的地方，固定的翻身、尿布時常更換，在清潔上要加倍注意，才能避免褥瘡和濕疹的發生。

### 三、住：確認家裡環境有無障礙物或雜物出現？

原本的住家，畢竟不是為了長照需求而打造，因此，當迎接患者回來家裡時，也要特別注意到家裡的一些小細節，營造出安穩、健康的居家環境空間。

失能或是半失能狀態的長者，最容易碰到的就是絆倒危機。因此，回到住家中，居家生活中的任何障礙物、會導致滑倒的浴室地板，都要仔細的改造成適合的無障礙空間。延長線，電線應該收拾整齊並固定在牆角；若有輪椅或行動馬桶等輔具，收拾時也應擺在靠進牆邊的位置，避免患者絆倒。家具上，則是避免使用有輪子、移動式的櫥櫃；而溼滑的浴室地板，則可以加上防滑地墊，增加抓力。

乾淨、明亮、清潔的住家環境也是很重要的一環，病患長期居住在家中，居家環境的好壞，等於是他漫長生命中十分重要的一部份，因此，照護住宅的環境，比起一般住家更應打造的明亮清潔。除此之外，如果是患有失智症的病人，對於空間感和色彩較有辨識障礙，避免使用複雜的裝潢和色彩，才不會造成失智症患者的焦慮不安，而適當的接觸陽光和照明，也能減少落日症候群、減少憂鬱和增加鈣質吸收。

另外，行有餘力也可加強門窗隔音設備，減少室外或大馬路上的噪音出現，提供一些鳥鳴或復古輕音樂於房間，都有助於臥病在床的患者，穩定情緒的功能。

### 四、行：確認需要哪些輔具？要買、還是要租？

身體的照顧完善外，心靈的照顧也要完善，盡量鼓勵病患維持正常的社交生活和自立能力，有助於增強身心的活躍。然而，外出的安全也需要特別注意，行動不便的病人外出時要特別防範腳步不穩、跌倒的危險；而失智症長者則一定要戴上姓名手環或GPS定位系統，避免走失；也可額外輔以輔具協助行動。

輔具的購買可與醫護人員進行討論，各縣市政府依患者狀況也有輔具補助申請。如果考量到日後失能恢復的機率高；已經決定選擇居家安寧；甚至是還在等申請補助下來，以上這幾種狀況出現時，可以考慮暫時租用輔具，等到有需求時再行添購。

居家
小提醒

**如何申請輔具？身心障礙手冊是關鍵！**

申請輔具補助，首先必須先領有身心障礙手冊，這部分可以請復健科醫師協助開證明，床跟輪椅目前都可申請補助，每兩年可申請三種器材，至於適合什麼樣的床、什麼樣的輪椅，挑選的過程都會有社會局派人評估跟建議。

由於補助的申請流程比較長，往往都會拖上兩、三個月，建議家屬先購買好輔具之後，再請廠商開立收據，等到社會局核發通過，補助才會入帳。由於政府的補助金額有限，因此如果購買價位較高的行動輔具時，沒有辦法全額補助，有些家屬喜歡一次買就到位，購買品質好一點點的設備；而有些家屬考慮到照護金額的龐大，在挑選上則是以補助金額為主，這些在購買和申請時，都是需要詳加考量的喔！

# 02

# 緊急與突發狀況處理

## 緊急狀況處理流程

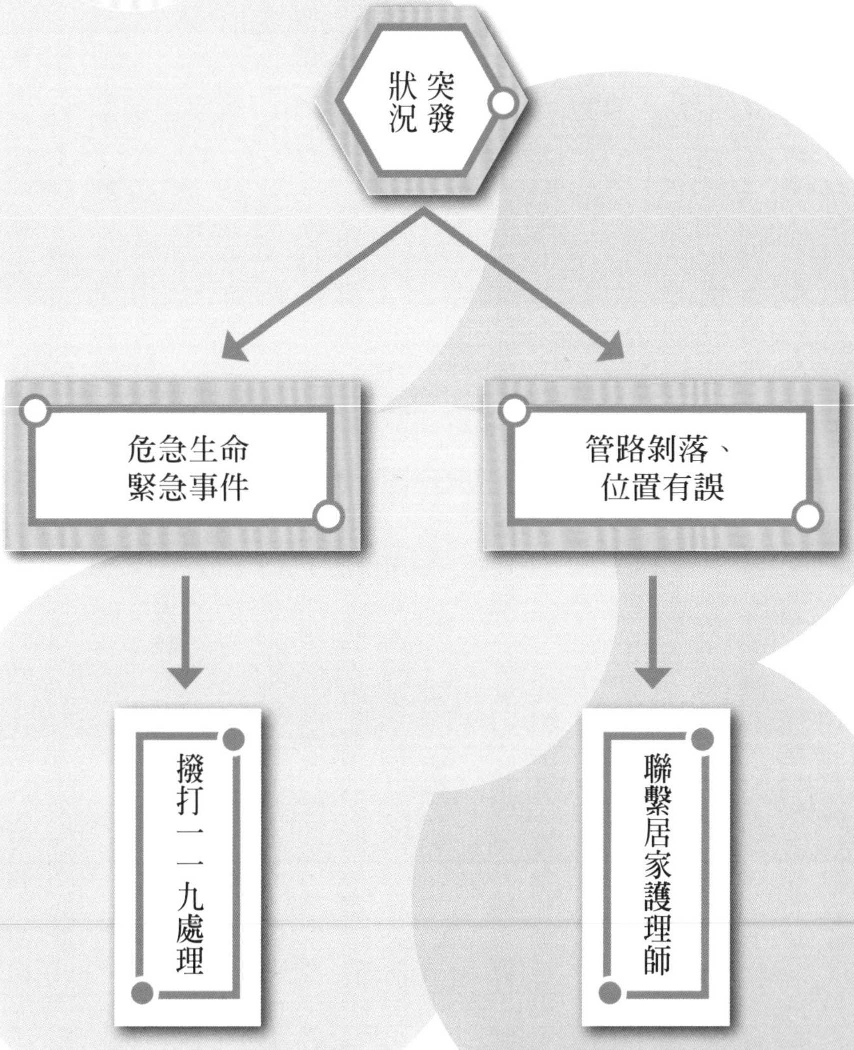

當決定將長輩接回家照護前，除了知道長輩的疾病，在吃、住、行上有什麼一定須避免的禁忌外，最重要的大原則，就是確定遇到突發狀況時，能夠有馬上提供支援的單位。萬一不幸在居家照護的過程中，突然發生緊急事件，例如：大出血、呼吸困難、氣切套管脫出、喪失意識、嚴重疼痛等狀況，第一時間一定要立即打電話通知一一九，事後也要記得通知居家護理師，告知病人目前狀況。

另外，**現在許多醫院也有二十四小時的緊急醫療諮詢服務**，在等待救護車前來的過程中，可打去詢問病人可能發生的狀況、等待救援期間應如何處置等。

### ◇聯繫居家護理師

如果突發事件發生時，不知該如何處理、也無從判斷情況危不危急，主動撥打電話諮詢居家護理師，讓護理專業人員幫你判斷需不需要緊急處置，可以避免判斷失誤造成遺憾的情況。

另外，如果發現病患維生的管線脫落時，千萬別自行裝回，趕快打電話聯絡居家護理師前來家裡裝回，才不會因而造成病患身體受損。

### ◇簡易急救處理——異物哽塞處理原則

如何判斷病患是否有異物哽塞的情況？可以從表情及舉止是否痛苦開始。輕微的異物哽塞，通常患者會不停地咳嗽；至於嚴重的異物哽塞，患者表現通常會以雙手掐住脖子、表情痛苦，這時則是危急情況，需要採取哈姆立克法急救。

**哈姆立克法**，指的是將噎到的病人以上腹部衝擊的方式，連續擠壓，直到異物排出。哈姆立克法在使用上，可能會因為腹部的衝擊傷害到病人，造成肋骨骨折或軟骨突起的狀態，因此需評估病人是否已經噎住到危及生命，甚至失去意識的狀態，如果已經聯繫了一一九，在救護車前來途中，因為情況危急才可使用。如果僅是輕微或是有意識的病人，先以拍背的方式，在旁邊觀察病人是否有改善，或是是否可以自行咳出，才不會避免急救方法失當造成傷害。

## 異物哽塞處理原則

請旁人協助打一一九電話後，
使用哈姆立克法急救。

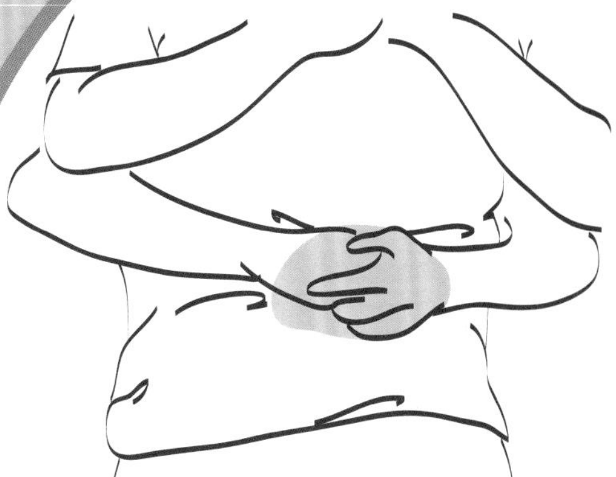

環腰抱住患者。一手
握拳，一手再環抱拳。

在患者上腹部（肚臍以
上，胸骨劍突以下）朝上
方連續壓擠五次，反覆施
行，直到異物排出。

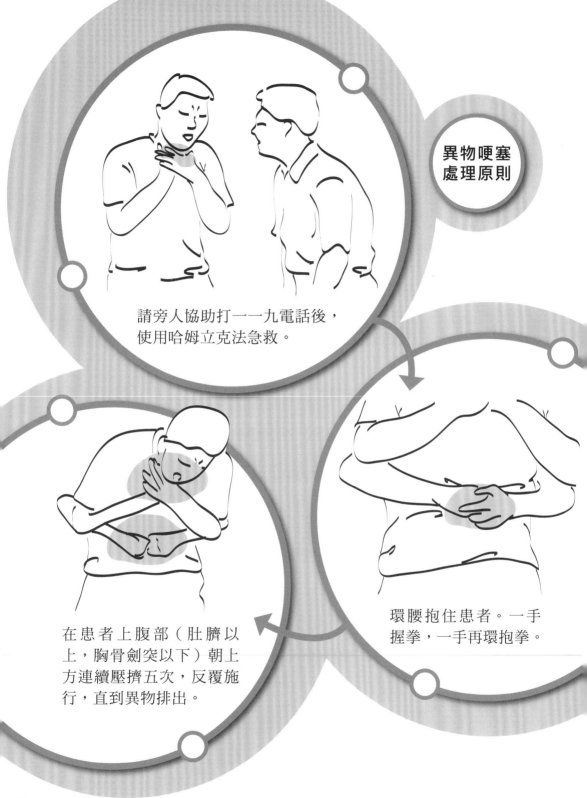

### ◇簡易急救處理——心肺復甦術：

當病患因病急性昏迷，心跳突然停止時，如未及時進行處理，只要腦部缺氧四到六分鐘，就會造成大腦損傷，甚至危及生命，因此，在救護車還沒前來的危急時刻，幫患者使用CPR，能增加復原和生存機會，然而在使用上，一定要確定病患昏迷、無呼吸，才不會造成額外的傷害。

使用上，CPR有一個簡單易記的確認口訣：叫叫CAB，第一個叫，需要檢查病人反應，第二個叫則是進行求救；C指的是執行心外按壓，按壓兩乳連線中央胸骨三十次，深度至少五公分，持續直到救護人員到現場；A指的是打開呼吸道，確保暢通；B則是人工呼吸的執行，吹兩口氣，每次維持一秒鐘。

在執行CPR壓胸時，需維持每分鐘一百下的固定上下頻率，手掌不可離開胸骨，並且避免中斷，如果需要人員接手，盡量在一百下循環結束後進行。

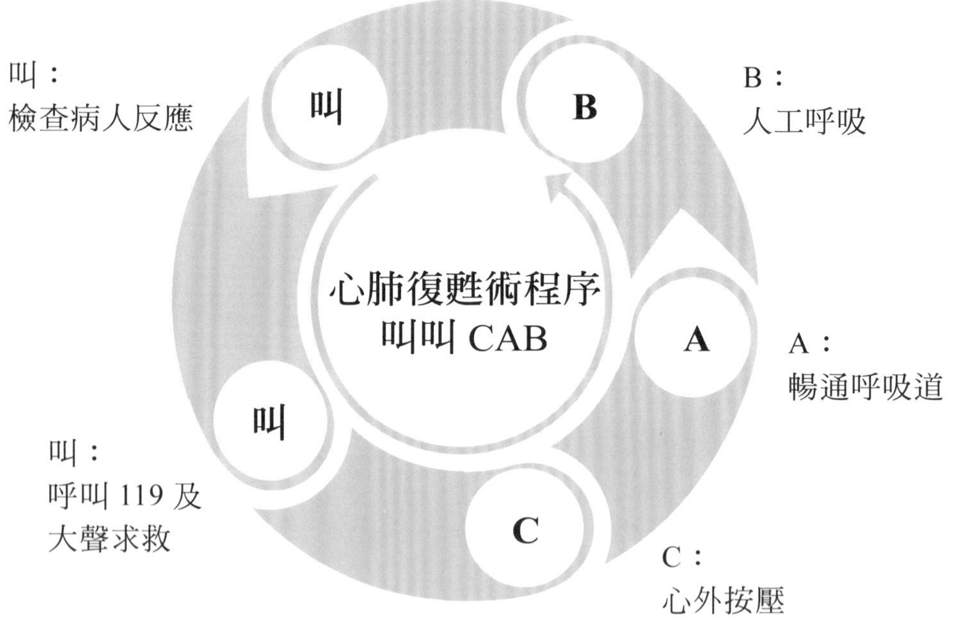

PART
02

# 在宅安心顧，
# 居家照護現場

從出院到回家，正好是病患建立生活的最好時機，一旦拖延，對於生活積極的企圖也可能變得低落，導致原本能自主進行的日常行為，反而再也學習不起來。

因此，重建日常行為流程，能幫助病人與照顧家屬之間，早點習慣彼此的「新生活模式」。

# 第4章

## 居家照護，
## 怎麼「吃」更健康？

八十八歲的李爺爺，每天早晨，都固定維持公園打太極的習慣，某天，打完太極回家的路上，突然感到一陣暈眩、聽不懂身邊的人說些什麼，就這樣倒在馬路上，被路過的行人緊急打一一九送去醫院。

醒來後的李爺爺，躺在病床上，被醫生評估為急性腦中風，從此右側肢體無力，講話不清楚外，連自己吞下食物都有困難，家人為了讓他好好進食，攝取足夠的營養，著實傷透了腦筋……

健康飲食

# 01

# 好好攝取營養，遠離疾病威脅

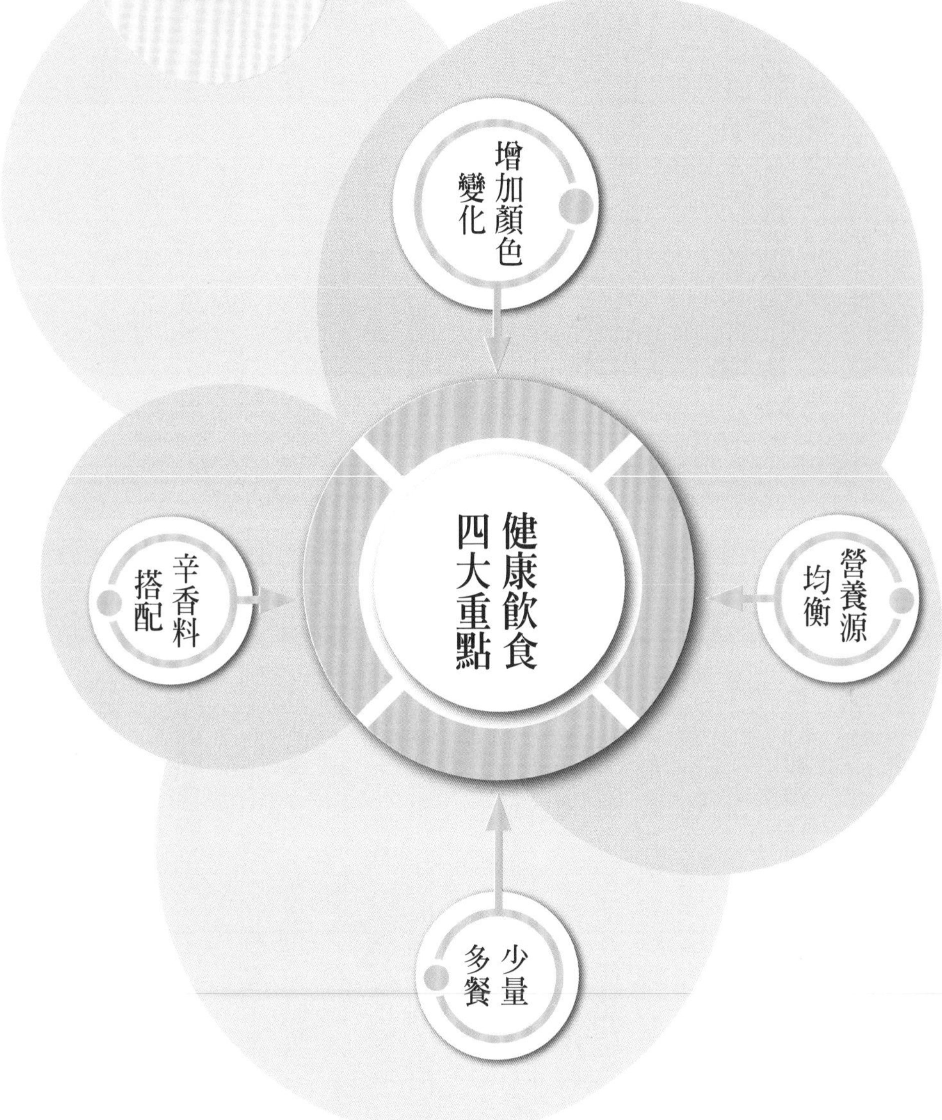

日常照護中，適當的營養攝取，才能解決病人免疫系統低下的問題。失能病人的身體往往受到各類疾病的摧殘，容易引發消化道功能失調、熱量和營養不足的問題。

因此，關於吃這件事，與正常情況下的飲食不同，需要加倍的關注！被照護的病人，會因治療過程的用藥問題、體力或復原不佳等情形，容易有食慾低落、甚至無法進食的毛病。對於失能、失智的病人來說，除了按時的回診追蹤、配合醫療指示外，正確的日常生活照顧、補充營養素也是很重要的，在飲食上多加用心，才能避免疾病造成的威脅，提高病人復原情況和生活品質。

長期照護的病人各有不同的疾病問題，每一種疾病可食跟禁食的營養素都不一樣外，也往往合併有多種併發症的狀況。在無法均衡補充營養的狀態下，日常生活的飲食，該怎麼吃才是正確的呢？其實，把握幾種基礎的烹調方式，再進一步增加營養素、避開禁食的餐點，就能讓病人吃得美味，同時又吃得健康。

## 長照病人健康飲食的四大重點

### 一、增加餐點的顏色變化

想要鼓勵病人自主用餐，在餐點上就要先激起「想吃」的慾望，盡量避免供餐太單調，或烹調成大雜燴的情形，必要時，考量到顏色豐富度和變化，讓餐點的美味從視覺上就能傳達出來，才能增強病人用餐的慾望。

如果是必須食用流質食物的病人，可以挑選一個主要的顏色攪打，比如蔬菜的綠色或番茄的紅色，千萬不要把多種顏色的食物混在一起打，會成為黑黑糊糊的模樣，自己看了都沒有食慾，又要病人如何產生胃口呢？

### 二、運用辛香料加強食物香味和口味

在烹調上，每餐如果能以強調一個主味道為原則，比如：利用糖或檸檬，加強甜味或酸味，就比較能感受到每餐食物的變化。除此之外，運用蔥、薑、蒜、蝦米爆香；或是在食物上撒入芹菜、香菜、九層塔、

羅勒等辛香料，也可以使食物不用加入過多的鹽分，就能造成口感上更豐富、更為可口的香氣。

## 三、少量供餐，正餐間加入小點心

病人因為生、心理、疾病或服藥等種種因素，時常容易影響食慾，家屬除了可以放慢用餐速度，讓病人可以不受時間拘束的緩慢自主進食外，烹調食物盡量要以「吃得下」為原則，從能吃、喜歡吃、願意吃的食物中去進行挑選。如果食慾實在不高，也可以改為少量多餐的供食方式，每天由三餐增加為四到六餐，或是正餐間可備一些像豆花、奶酪、牛奶泡餅乾等簡單的點心，就能解決進食量不足的問題。

如果是疾病影響食慾的狀況，則需要特別留意，有些罹患阿茲海默症的老人，有時候會有無法辨識食物，或無法張口吃飯的狀況，往往會被家屬誤認是拒絕用餐；而罹患中風或帕金森氏症的病人，可能因為吞嚥困難或手部震顫，漸漸地開始害怕進食，此時，協助病人將食物剁碎成泥，才能確實的改善因控制不當，而害怕進食的問題。

## 四、注意營養源，加強飲食均衡

即使是單純失能、行動不便，但沒有其他併發症的患者，因為逐漸邁入老化過程，身體漸漸虛弱，也需要補充適度、充足的營養，才能減少未來發生嚴重疾病的機會。

老年人普遍有缺乏鈣和鎂的問題，透過多吃蔬菜和小魚乾都能解決鈣質不足的情況；而老年性貧血的病患，可以透過一些營養豐富的高湯燉品或紅棗、白木耳等中藥材，來增加蛋白質和鐵質的攝取。

如果是有吞嚥困擾的病人，可以把魚、肉、蔬菜跟糙米分開打成泥狀，變成類似嬰兒副食品的東西，也可以做成南瓜粥或地瓜粥，每周變換不同口味，營養攝取足夠的同時，也能滿足病人的口腹之慾。

其實，不管是全穀雜糧類、奶豆魚蛋肉類、蔬菜水果類，或油脂及堅果種子類，都要好好確實地進行分配，均衡的分入正餐之間，才能避免營養失衡。

居家小提醒

### 照顧現場知多少？

三十六歲的黃小姐，幫腎臟病母親製作餐點時，一開始因母親咀嚼能力沒有恢復的很好時，補充營養都是將稀飯打成泥，製作成類似嬰兒副食品的東西，讓他慢慢吞嚥。母親的每餐粥裡都有兩種蔬菜、糙米跟一份魚和一份肉，蔬菜會天天更換，不一定是葉菜類，也有可能使用南瓜或地瓜；而魚肉的話，可能是吻仔魚也可能是鯛魚，煮成粥後打成泥狀，讓他多元吸收。

## 飲食五大安全需留意！

### 一、避免生食及飲用生水

居家照護的病人免疫力多半都很低落，因此飲食上須嚴格禁止未煮熟的生食或生水，包括肉類、生蛋、海鮮……。**礦泉水如果沒有煮沸，也不可食用**，避免造成更嚴重的細菌感染。另外，準備食物的時候，**熟食和生食的砧板也要分開使用**，免得交互感染後，原本乾淨的食物，也沾上生食中的細菌。

### 二、給予充足的用餐時間

失智、吞嚥困難或胃口不佳等症狀，都有可能讓病患的吃飯時間拉長，有些家屬會抱怨病人吃飯速度過慢，而拒絕他自行飲食。其實只要給予病人充分的咀嚼時間，不僅能避免催促的壓力和消化不良，也能讓病人更有動力自主日常生活。

如果病人咀嚼反應較慢，也可以輕柔按摩下頷，引發吞嚥動作，即使吃完一餐飯，食物掉落的情況很嚴重也無妨，**耐心陪伴病人用餐**，往往能讓病人在漫長的每日照護中，找回一點自己的自主權。另外，有些病人是因憂慮心情造成的食慾不振，增加陪伴時間、挑選他喜愛的食物當作正餐，

長照飲食小撇步
避免飲酒
口腔清潔要做好
充分的用餐時間
餐點少油、少鹽
避免生食及飲用生水

也不失為一個解決食慾不振的好方法。

## 三、烹調方式強調少油、少鹽，減少心血管和腎臟負擔

年紀越大，往往越會伴隨著味覺退化的問題，由於病人吃什麼都索然無味，因此用餐時，可能透過大量沾醬油、吃醬菜、肉鬆來增加食物的味道，長期下來，腎臟和動脈硬化的風險將越來越高。為了避免病人的飲食過鹹、營養失衡，可以在餐點裡加入中藥材或大蒜、香菜等辛香料，這樣即使鹽放得比較少，也能增加食物的豐富層次和口感。

## 四、避免飲酒

過度飲酒，除了會增加酒精性失智症的風險外，對於服用特殊藥物的病患，有可能會導致藥與酒精互相作用，造成身體健康的疑慮。對於已經罹患失智症的病患，因大腦功能已出現認知障礙，使用酒精更可能導致大腦思緒出現混亂狂躁的情形，因此飲食上也要特別留意，就算是過年、生日的聚餐小酌，也要盡量避免。

## 五、口腔清潔要做好

口腔內的環境，不僅潮濕又易食物殘留，是細菌繁殖的好處所。失能病人的抵抗力比較低，相較一般人更容易被細菌感染，而感染後造成的併發症，往往也不只是蛀牙那麼簡單的問題。因此，除了早晚睡前的口腔清潔外，病人三餐飯後，都應該馬上進行口腔清潔，才能減少蛀牙、念珠菌感染或是吸入性肺炎等危及生命的疾病發生。

意識比較清楚的病人，可以用一般的軟毛牙刷清潔；至於臥病在床、完全無法動彈的病患，則可以選擇棉棒沾取清水，代替牙刷清潔。如果病人的口腔味道較重，選擇用綠茶或檸檬汁等，可以安全喝進肚子裡的天然漱口水，也是降低細菌的好方法。

隨時保持口腔清潔，減少口腔內細菌的數量，即使偶爾不小心嗆到，也比較不容易導致吸入性肺炎發生。

### 居家小提醒

吸入性肺炎，指的是因外物或液體吸入肺部之後造成的問題。最常見的情況包括：嘔吐後吸入嘔吐物或胃酸；吃東西嗆到；或是因吞嚥障礙，而導致唾液在夜晚反覆吸入肺裡。

如何判斷患者可能有吸入性肺炎的問題呢？如果病人經常性的吃飯噎到、飯後說話聲音沙啞，可能就是因吞嚥困難造成食物誤入氣管，長期下來，罹患吸入性肺炎的機會相當高。

為了避免用餐嗆到，病人吃飯時，一定要注意他的姿勢是否正確，除了坐正、頭微傾的用餐外，有些中風病患沒辦法完全坐起，可以採用斜躺的姿勢，將枕頭或毛巾把頭部墊高。另外，用餐後的三十分鐘內，也盡量不要讓病人躺下，避免發生食物逆流到咽喉的狀況。

# 02

## 特殊疾病怎麼吃才安心？

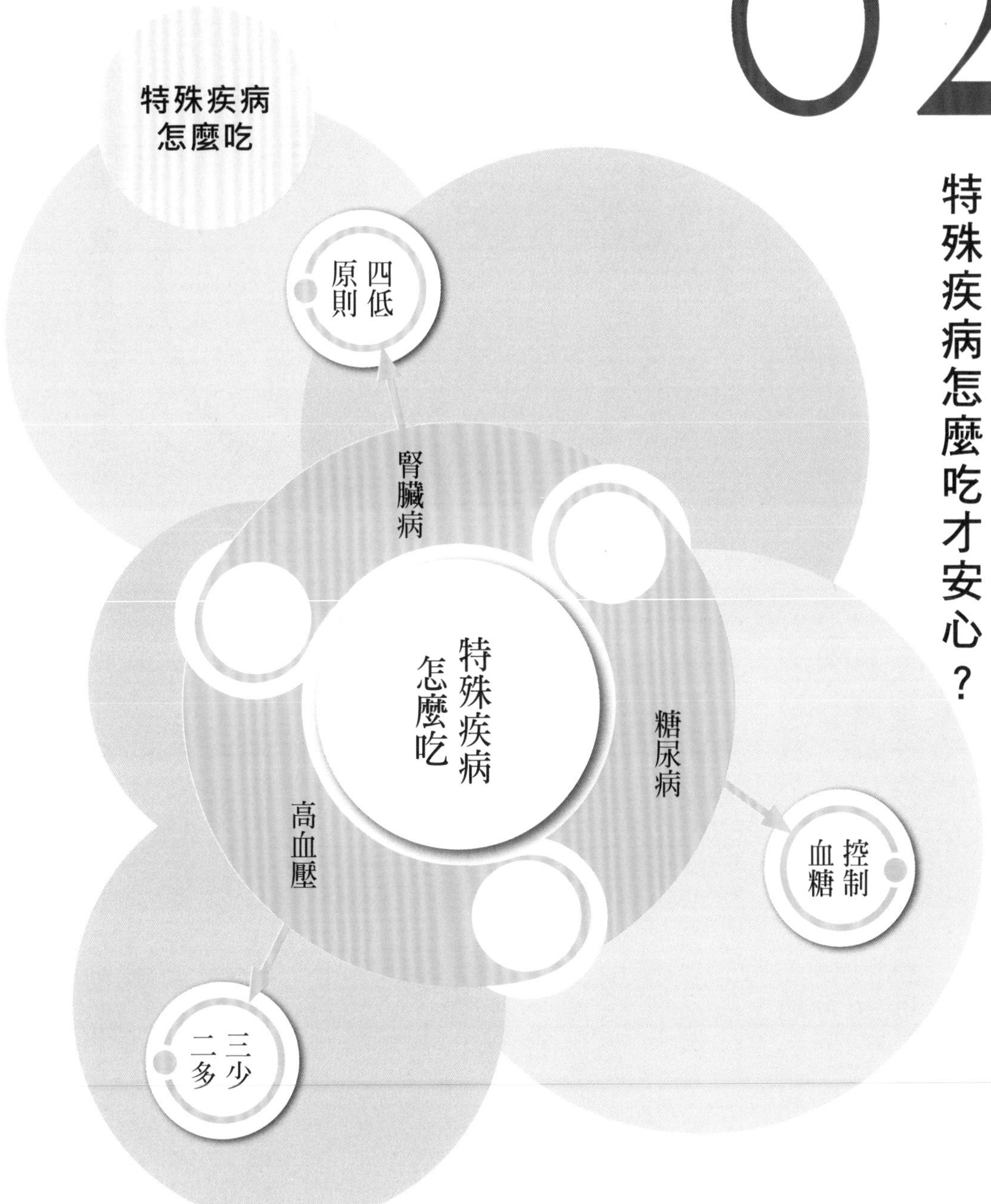

## 腎臟病患者，飲食保持四低原則！

腎臟病患者需要注意的飲食建議，一般往往稱作**「四低原則」，包含：低蛋白、低鈉、低磷和低鉀**，然而，其中最大、也最難的飲食改變，往往是低蛋白的攝取情況，在烹飪上掌握幾項大原則和禁忌，才能避免食物對腎臟造成多餘的負擔。

一、**蔬菜的注意事項：**

烹煮蔬菜，可以事先汆燙過再拌炒，並且在用餐上，避免飲用菜湯或菜汁拌飯，才能降低鉀的攝取量。另外，如果要增加水果的食用量，可以一天攝取兩份水果，但是因為楊桃含有神經毒素，腎臟不好的尿毒症患者會引發打嗝、抽蓄、甚至昏迷的症狀，因此攝取蔬果時，要特別避開楊桃的食用。

二、**主食的注意事項：**

在主食的選擇上，米粉、冬粉的蛋白質含量較少，為了降低腎臟負擔，可以代替米飯食用，主食選擇米粉、冬粉替代；而很多病人誤以為不吃蛋和肉就能達成低蛋白的飲食目標，**其實有時蛋和肉反而是優質蛋白質的來源**，在一餐中控制份量、適度攝取優質的動物性蛋白質即可（約正常人的二分之一），反而是要避免麵食、紅豆、綠豆、麵筋等低營養價值的蛋白質。

有些腎臟病患者同時也伴隨了糖尿病的問題，除了烹煮方式盡量要簡單、少油、少炸，盡量採取清蒸或烤的方式外，**每週至少吃兩份魚，也能有效對抗腎臟發炎、降低血壓血脂。**

**三、調味料的注意事項：**

烹煮時如果會使用到調味料，盡量避免加入過多的鹽或醬油調味。另外，市面上有許多低鈉鹽或薄鹽醬油的選擇，其實這些產品只是用「鉀」取代鹽分中的「鈉」，因此對於腎臟病病人來說，反而會造成血鉀過高，引發心律不整，甚至增加死亡的風險。

**四、保健食品的注意事項：**

許多病人和家屬通常不敢告訴醫生有在吃什麼保健食品或中藥，然而保健食品及中藥內，往往含有過多的「鉀」，增加病患腎臟的負擔，因此時常會有病人每次看診，明明飲食上都遵照醫生指示，指數卻降不下來。

其實，腎臟病患者並沒有一定需要避開或遵守的飲食標準，只要患者定期追蹤檢查、隨時注意指數是不是都顯示正常，偶爾貪嘴，都在腎臟可以接受的範圍內。

## 糖尿病患的控制血糖之路

糖尿病的飲食重點，首重「控制血糖」。因此在餐點準備上，均衡的攝取六大類食物即可，每餐吃進的醣量，不過多、也不過少，不能都不吃，也要避免一下吃太多，造成血糖突然飆高的問題。

除了平日的飲食可以多攝取高纖食物外，如：全穀雜糧、蔬菜等能增加飽足感、減緩醣類吸收的原型食物，也可透過少量多餐、每餐份量減少，並增加次數的方式，避免血糖急速上升。

糖尿病的病患同樣也需要奉行低蛋白原則，尤其是合併患有腎臟病的病患。美國糖尿病學會提出了糖尿病病患的蛋白質限制標準：蛋白質熱量來源比應占總熱量比≦二十%，才能有效減少腎臟負擔，降低慢性腎臟病的罹病風險。

## 抑制高血壓的飲食：三少二多原則

高血壓的病患，如果正在服用降血壓或降膽固醇藥物時，首先，要避開食用柑橘類水果，例如：柳丁、柚子和橘子……，因**柑橘類水果本身就有降血壓、降膽固醇的功效**。雖然聽起來相當健康，但如果此時跟著服用降血壓藥物，原本的血壓可能會下降得更低，導致心臟無力運作，造成衰竭的危險。

所以，如果血壓控制得宜、無須服用藥時，食用天然的柑橘類水果能收得相當好的降血壓功效，但若是已經在服用藥物控制，還是應該聽清楚醫生指示，避免吃到禁食的食物。

除此之外，高血壓患者在正餐上，要掌握**「三少二多原則」**，三少指的是**少調味、少油脂、少加工**，降低鹽分的攝取，才能避免高血壓再度出現；而二多則是**多蔬果、多高纖**，尤其是攝取含鉀量高的蔬果，雖然腎臟病的患者必須避免，但對於高血壓的病患來說，含鉀量高的蔬果反而可以有效的降低血壓。

現在，針對高血壓病患的飲食，也有所謂的**「抑制高血壓飲食」（DASH）**出現，DASH指的是增加攝取全穀類、魚類、去皮禽肉和堅果等食品，減少吃紅肉、含糖飲料和甜食的機會，除了降血壓外，還能同時兼顧心血管的保護功能。

# 03

## 以「自行進食」為目標，慢慢努力！

### 正確用餐這樣「坐」

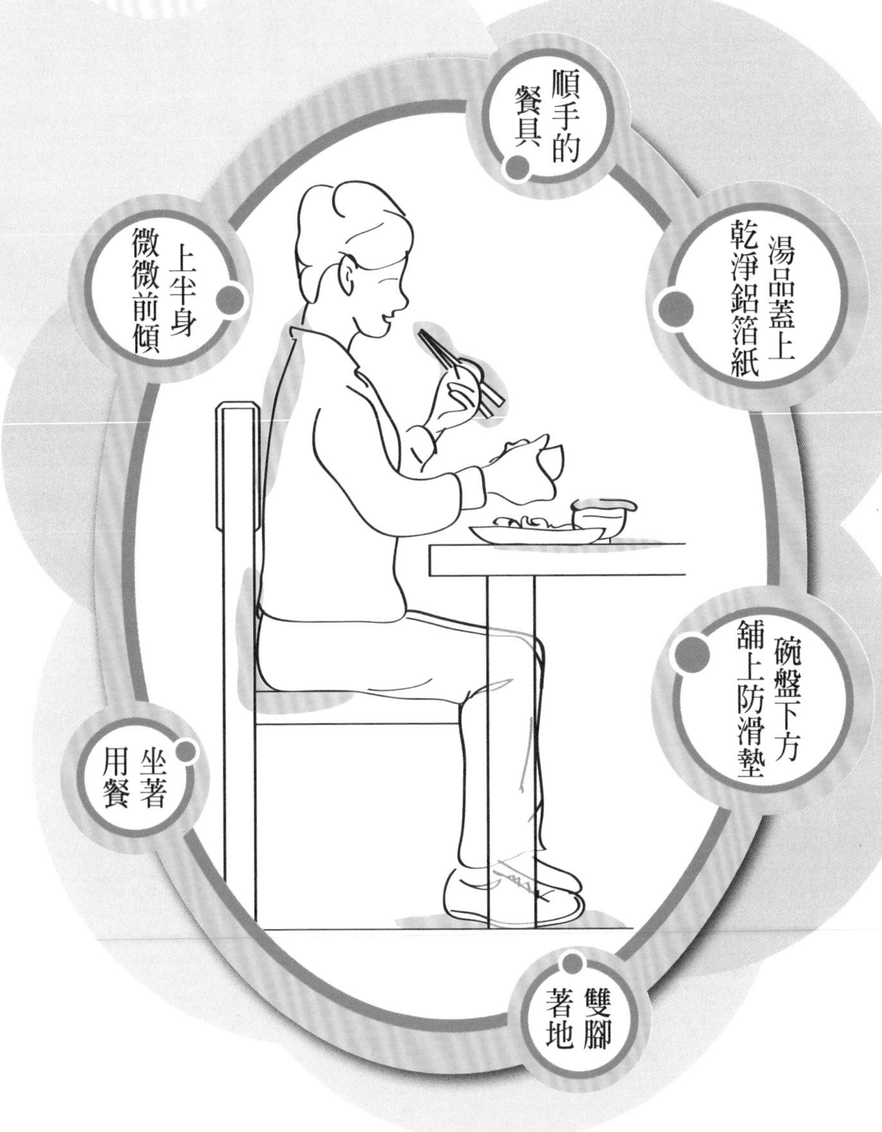

## 正確用餐這樣「坐」

◇坐著用餐：

如果在病人躺下時嘗試餵食，容易造成他本能想要仰起臉吃飯，可能會發生噎嗆的情況，同時，躺著餵食在心情上，也會對吃飯和協助的人雙方產生更多的壓迫感。

◇上半身微微前傾：

採坐著的方式用餐，上身或頭微微前傾，比較方便病人吞嚥，由下而上的吃飯姿勢，也可避免食物不容易溢灑出來。如果病人身體比較孱弱，吃飯時，也可以選擇有靠背的椅子，並且在背部多放上一個靠枕，更能增加病人身體的穩定度。

◇雙腳著地：

維持穩定的進食姿勢，才能避免患者重心不良，跌落餐桌。因此吃飯時，除了放鬆坐下，雙腳著地也是穩住坐姿的好方法，必要時，甚至可以將不要的雜誌或小凳子放在腳下，作為腳踏墊使用。

◇順手的餐具：

如能使用慣用的餐具，甚至透過輔具輔助，將餐具放在手能取用的範圍，方便病人抓取，就能大幅降低病患吃飯時耗費的力氣。吃飯輕鬆了，才能增加病人自行用餐的意願。

◇湯品蓋上乾淨鋁箔紙：

易噴濺的湯類，可以先蓋上鋁箔紙或餐巾紙，等到病人開始飲用湯品時，再協助他打開飲用，除了能避免湯品灑出，也不用擔心吃飯時間過長，有保溫的效果。

◇碗盤下方舖上防滑墊：

加上一層防滑餐墊或是浸濕的乾淨抹布，能夠增加摩擦力，避免不小心碰撞，導致熱食噴灑的危險；病患不小心掉落食物時，也方便家屬毫不費力的清理。

除了完全失智、失能的病人無法自行用餐，需要照顧家屬協助餵食外，用餐姿勢的正確與否，餐具、輔具的選用適當，都能夠避免病人用餐時的噎嗆傷害，同時，讓病人自行用餐、吃自己愛的食物，對於他的身心將有很大的幫助。

訓練病人自己進食的另一好處，是可以讓他自己控制吃食的速度，雖然有時過於緩慢，但反而會大幅降低嗆傷或吸入性肺炎的發生。過度的照顧，將剝奪病患許多可能性，使身體沒用到的機能漸漸退化。

## 餐桌椅挑選的三大重點

讓病人坐著自行用餐，在餐桌椅的挑選上，有三大重點必須考慮：

一、**有扶手、椅背的椅子：**

有扶手和椅背，可以避免病患吃飯時，因為重心不穩，不小心從椅子上跌落，是身體虛弱病患的好幫手。如果沒有穩固的椅子，病人不方便移動的話，也可坐在輪椅上用餐，但要注意輪椅的穩定度，事先將輪椅固定好，避免滑動。

二、**可支撐身體的餐桌：**

如果是行動不便的病患，不容易移動用餐，也可以選擇坐在床鋪上吃飯。但因床鋪沒有扶手或椅背，因此更需要可以支撐身體的移動式餐桌。在床上吃飯時，依舊要避免仰躺，最好坐在床端、腳跟著地，才能避免跌落或噎嗆的危險。

三、**桌子高度適中：**

桌面太高，對於能夠自行用餐的病人，不僅需多費許多力氣在夾取上，也容易增加他用餐的困難。最適宜的桌子高度，應該與吃飯病患的肚臍平行。

## 照顧者的同理心：坐在同側，一起用餐

選擇坐在病人對面吃飯，雖然比較方便給予協助，但有時也可能會讓病人吃飯時，感受到「被監視」不不舒適。

如果家屬能在同一時間吃飯，並且選擇同側坐下，甚至吃同樣餐點，都能讓病人吃飯時比較沒有「被協助」的感覺，相比之下，反而是一起用餐的正常生活感。

透過一起用餐，也能藉此了解病人接下來想吃的食物，而對於失智症病患來說，**一起用餐的另一好處**，在於可以從旁示範吃飯過程，對於**引導失智病患自己用餐進食**，能收相當好的成效。

由於失智病患常常會忘記自己吃過了，嚴重點，甚至會忘記如何使用餐具用餐的方式，在旁邊陪伴用餐，隨時能夠注意失智症病人的用餐情況，如果有進食後要求再吃東西的情形，可以藉由轉移話題的聊天和陪伴，來讓他忘記想要再吃東西的請求。

居家小提醒

**愛心便當到你家，長輩送餐服務**

家屬如果因為工作繁忙，白日裡無法陪伴病人用餐；或是原本身體健康的長輩，一次病痛之後，再也無法處理自己的三餐，以上這些問題，現在也都有政府的志工送餐服務可以申請。

只要向照管中心和社會局提出申請，就會有專業人員到府評估需求，申請成功之後，每到用餐時間，服務的志工就會準時送來，不用再擔心病人的餐點問題。

# 04

# 運用輔具得當，用餐輕鬆自在

## 居家常用的食器輔具

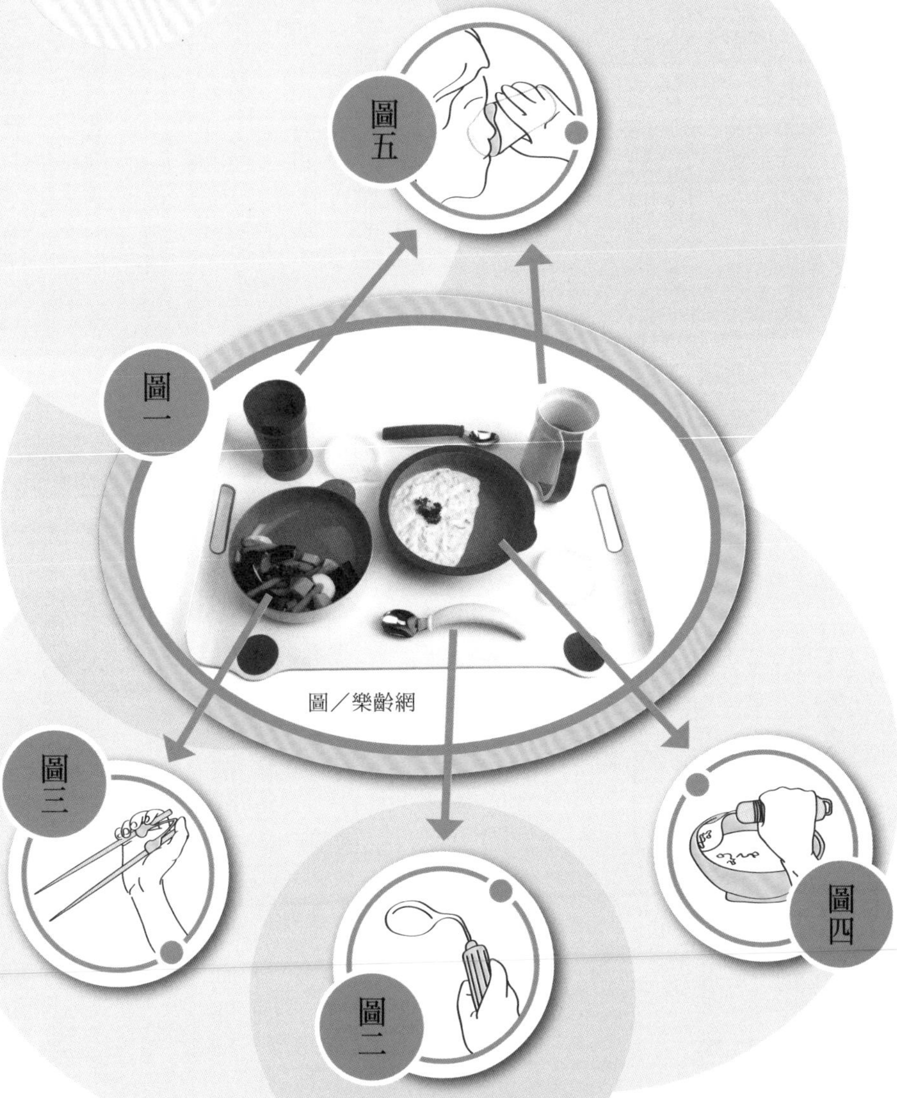


圖／樂齡網

## 居家常用的食器輔具

◇圖一——**顏色鮮艷的餐具：**

選擇色彩鮮艷的餐具，能豐富病患的視覺、促進食慾；另外，紅色餐具也能幫助失智症患者更容易辨識盤內食物位置。

◇圖二——**握把加粗的彎曲湯匙：**

如果手臂關節變形、完全無法施力或握住一般餐具的病人，可挑選手柄彎曲的彎柄湯匙或叉子，除了握柄又大又輕外，手腕不需彎曲即能使用外，若用餐時，手會不自主顫抖，也可選擇附砝碼的餐具，改變餐具重量來抑制顫抖情況。

有些湯匙另備有萬用湯匙的功用，能同時完成筷子、刀子、叉子等動作。

◇圖三——**輔助筷：**

筷子後端特別設置連結，能夠針對手部動作或肌力不佳的病患，利用彈簧的力量輕鬆夾取食物。配合慣用手和手的大小，輔助快又可區分成大、小兩種尺寸、以及左手跟右手專用的輔助筷。

◇圖四——**弧形碗：**

內部特別製成弧形形狀，其中一側加高，不用傾斜拿取，就能將食物導引至碗的一邊，如果是單側較無力的中風病患，能夠更方便舀取到碗裡的食物，食物同時集中在碗的一側，也能防止食物掉出。

另外，也有些碗的設計，除了內部呈現弧形狀外，外緣也會製成內彎弧度，方便病人把食物推到邊緣後舀取，同時，也有不易撒落的優點。

◇圖五——**鼻曲杯 & 斜口杯：**

頸部活動困難的患者，鼻型的特殊剪裁可避免鼻子碰到杯口邊緣，輕鬆喝到杯子中的飲品，讓喝東西不必再仰頭或轉動脖子，避免嗆咳發生。

另外，也可選擇杯內有高低落差的斜口杯，使用吸管時比較不易造成滑動。

在退化或疾病影響的情況下，許多病人的雙手會漸漸沒有力氣，配合特殊的飲食方式，在食器的選用上，也需要正確選擇特別設計的器具，才能更安全輕鬆的完成日常生活雜事，使他在自立生活上更不費力。除此之外，選用餐具如果能夠挑選容易堆疊的同一套餐具，也能同時減少照顧家屬收拾整理的困難。

如何選用適合的食器或飲食輔具呢？首先要注意病人在「吃」的過程，最無法執行的動作是什麼？有些病人可能因為手部僵硬，或是帕金森氏症導致的手部顫動，即使使用輔助筷，用餐上也會有困難，此時可以改為使用粗握把的湯匙，增加病人使用上的方便性。

除此之外，包括病人本身的特質、使用時的流暢度，都是購買食器時的考量之一，比如同一種輔助筷，分別有左手跟右手的區分，依據病人慣用手的不同，需要選擇不同的輔助筷輔助。目前也有單向輔助吸管、輕鬆倒茶茶壺座等，針對病人特別的習慣所設計的輔具。

如果外出或就醫時，臨時忘記攜帶病人專屬的食器時，自製用餐輔具也是一個家屬們常見的作法。將湯匙的握把用紗布層層包裹加粗後，綁上橡皮筋、魔鬼氈固定，就成為自製的粗柄湯匙（同理亦可使用在牙刷的輔助上）；另外，將紙杯杯口剪出一個半圓形，避免病人喝水的時候碰到鼻子而嗆到，也是相當簡單就能迅速作出的自製鼻曲杯輔具。

# 05

# 食慾不振的四大觀察

四大觀察

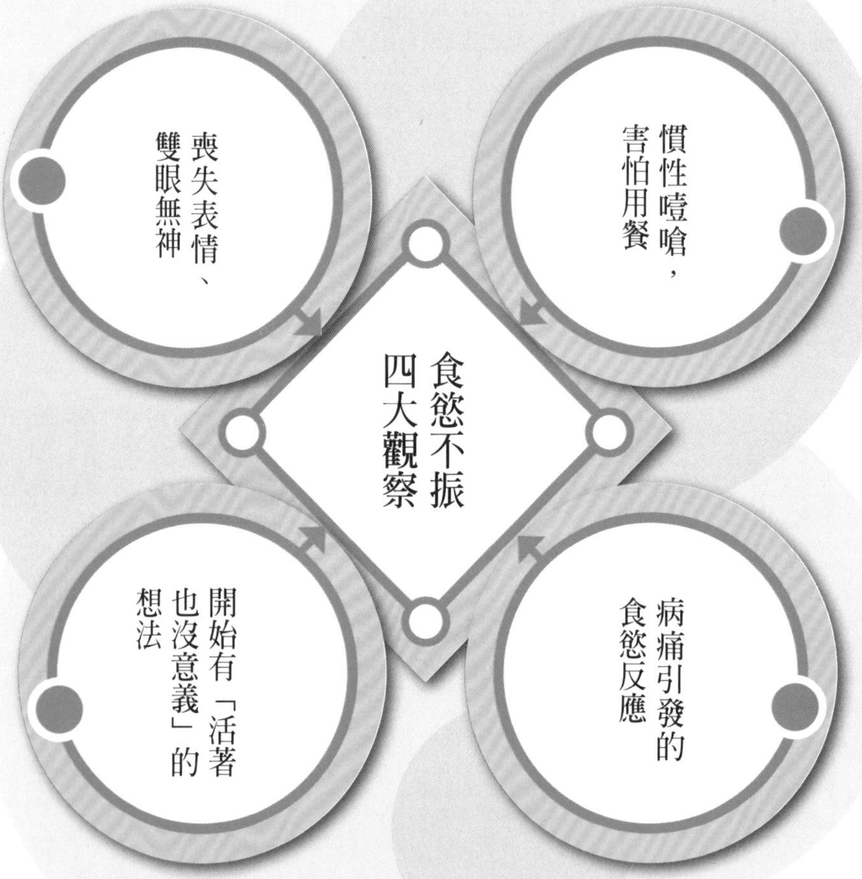

食慾不振
四大觀察
喪失表情、
雙眼無神
慣性噎嗆，
害怕用餐
病痛引發的
食慾反應
開始有「活著
也沒意義」的
想法

病人拒食的原因可能有很多種，包含疾病引發的牙疼、便祕腹脹；憂鬱而拒絕飲食；甚至因為平日活動量過少而吃不下，都可能會造成食慾不振的問題。如果飲食狀況實在不佳，也可與醫生討論鼻胃管灌食或胃造口的必要。然而，最重要的重點，還是要找出食慾不振問題的真正原因，才能徹底解決並根治。

### 一、喪失表情、雙眼無神

如果因為壓力造成食慾不振的問題，很容易從失去表情或笑容等臉部動作中發現。除了在飲食上可以適時地準備病患喜歡的食物外；替他們安排充實的娛樂活動或遊戲復健；注意病人喜歡的家人是否有時常來探視，都是讓他們忘卻壓力，增進食慾的好方式之一。

### 二、開始有「活著也沒意義」、「死了算了！」的想法

一旦因為憂鬱而失去活下去的動力，最先表現出來的就是不肯進食的行為，本質上，可以說是一種病患的「消極性自殺」。此時適度的聊天解惑，敞開病人的心房，協助他重新感受生活的樂趣，會比構思餐點來得更為重要。如果憂鬱的狀態已經嚴重影響生活，適時的陪伴病人就醫，尋求專業人士的協助，才能幫助病人一同度過心靈難關。

### 三、病痛引發的食慾反應

老年失智、假牙咬合不良、甚至身體的病痛等，都可能造成嚴重的食慾問題，不妨嘗試採取分量進食、少量多餐的方式，在兩餐之間，多補充一些蘇打餅乾、香蕉或奇異果等水果點心，也是一種改善食慾的好方法。如果是因嚴重病痛產生的食慾不振，最好先就醫徵詢過醫生的意見後，再做進一步的追蹤和處理。

### 四、慣性噎嗆而害怕用餐

有些病人在長期、反覆的嗆傷與感染中，每到吃飯時間，就預設自己會嗆到，開始有了恐懼用餐的情況。此時，除了給予心理支持外，將餐點製成容易吞嚥、大小適中且柔軟的固體食物，才能幫助病人減少用餐時的吞嚥障礙。

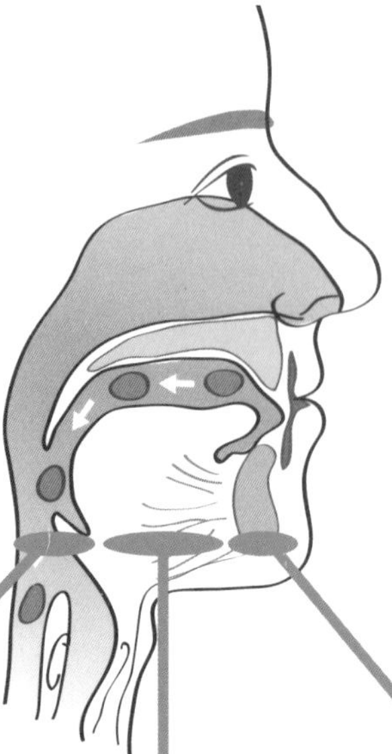

**咀嚼問題**

因年紀大、牙齒功能下降，導致牙床無法磨碎食物，大塊的固態食物，容易造成咀嚼的困難。

**食塊形成問題**

舌頭活動不良或佩戴假牙的病人，切碎的食物容易使他們嗆傷。

**吞嚥反射問題**

吞嚥功能低落的病人，吃切碎、搗泥，或是液態的食物時，都容易因為喉嚨無法完全閉鎖，造成噎嗆。

**解決方式**

製作搗碎和切碎的柔軟食物，但記住不能切得過細。

製作一口大小、柔軟或黏稠狀的食物。

黏稠、有一定硬度的固態食物（如：茶凍、布丁、市售增稠劑）

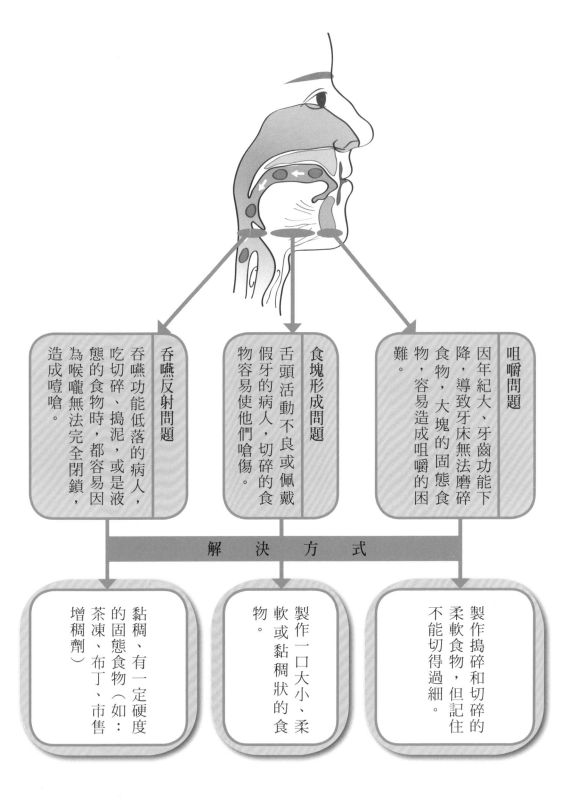

## 怎麼解決容易嗆到的問題？

當家屬注意到病人用餐前後，常出現嗆到、咳嗽或吞嚥變慢的情況，表示病人日常吞嚥上可能有了退化的問題，此時除了立即向醫師或營養師確認，病人是否真的有吞嚥問題外，在飲食上也應該**挑選軟質食物，或協助切成小塊，改變烹調方式**，烹調上，主要有三大方式，能夠減少吞不下去和嗆到的情形。

一、**食用軟質食物，附加切碎處理：**

將食物切碎是協助吞嚥困難病患進食的基本烹調方式，然而，並不是所有食物都適合切碎處理，家屬應一邊餵食、一邊觀察，確認病患不切碎就無法吞下時，再協助切碎供應，否則切得過碎、過小或過乾，反而容易造成病患沒有食慾，甚至呼吸道阻塞等問題。

二、**盡量採取自然進食：**

長期的灌食或喝流質食物，有時會讓患者失去吞嚥能力，然而，如果是中風造成的吞嚥障礙，透過復健往往可以使患者漸漸回復到正常的吞嚥狀態，因此**持續地讓病患維持自然進食，才是最好的吃飯方式**。

透過蒸、煮、燉、紅燒的方式，提供一些容易燉煮軟嫩的食物，例如：滷雞腿、紅燒肉、獅子頭、滷白菜等菜色，不僅能夠保有原本美味，也不需刻意剁碎就可原狀供應，相當適合吞嚥困難的病患。

三、**稠化：**

對於喝水容易嗆到的病患，水份的攝取相比一般人而言，更為重要，但卻需要避免流質食物造成噎嗆。因此，在飲食上，可以選擇洋菜粉、吉利丁、石花菜等，能夠加水煮成果凍狀或糊狀的食品；或在湯品、甜湯上，多增加太白粉勾芡，增加湯湯水水的濃稠度，讓病人比較好吞嚥。另外，麵包、蛋糕、餅乾等較為乾硬的主食，也可使用牛奶或豆漿事先泡軟，也能降低噎嗆的風險。

稠劑的選用上，除了市售的增稠劑以外，也可以使用一些天然的粉末來增稠，例如太白粉、洋菜粉、糙米粉、芝麻糊等，透過不同的備料和製作方式，增加口味的變化，例如將各種果汁、牛奶，製成布丁、豆花或果凍，不用冷藏就能即食即用，是相當方便的餐點素材。

### 居家小提醒

相對於食慾不佳和嗆傷，過度飲食也是一個讓家屬頭痛的狀況。

如果照顧的病人是失智症患者，經常性忘記自己吃過什麼，或進食完要求再吃東西的情形。此時，建議不要跟病人起爭執，可以透過轉移注意力的方式，回答：「好！想吃什麼我去弄，你先看一下電視……」或是在餐食上改為少量多餐，每餐只準備約七、八分的量，選擇易有飽足感的食物，也是解決之道。

## 語言治療評估，鼻胃管拔除訓練！

許多插上鼻胃管的病人，在身體健康的時候，是自己打拼過來的成年人，如今每每到了家人用餐時間，看著家人吃飯，不僅無法滿足自己的食慾，也懷疑自己是否成為負擔，對於被照顧這點會產生很大的抗拒。

若經語言治療師評估後，許多中風或急重症的病人，透過黃金復健期的努力，還是能拔除鼻胃管，恢復一些日常生活的機能。如何訓練病人慢慢拔除鼻胃管呢？相較於液體，有點軟度的固體是比較安全的訓練食物，使用水果泥或布丁幫助病患慢慢學會進食，能讓他慢慢找回味覺和嗅覺，如果病人的右手有力，可以訓練他右手使用輔助筷跟湯匙；如果左手有力，就訓練左手。記住：「民以食為天」，適當的自主用餐，對病人的病情與情緒都有莫大的幫助。

### 居家小提醒

**照顧現場知多少？**

原本半邊癱瘓、喝水容易噎嗆的白先生，依照醫生的建議，由家屬先從布丁、果凍等Q軟的安全固體餵食，從一天吃五口、慢慢進步成十口、十五口，最後吃完一整個布丁，慢慢訓練了他的吞嚥功能；水分的攝取上，如果仍然怕液體會嗆傷，可以使用洋菜做成的果凍水，每天約兩千五百毫升到三千毫升，分成三大杯飲用，藉此補充水分。

現在的白先生已經進步到可以吃小塊牛肉的狀況，帶他去吃喜酒時，因為他最愛吃牛排，不等家屬制止，自己就可以用比較有力的右手，拿起筷子，馬上夾起切塊的牛肉放進口中。

# 06

# 無法從口進食？居家灌食有技巧

## 灌食的方式

**Step 1** 灌食前，需先用清潔液或酒精將雙手洗乾淨。

**Step 2** 以空針反抽確認胃部消化狀況。

**Step 3** 先灌入溫開水，確保管路通暢。

**Step 4** 使用鼻胃管需將灌食空針舉高，用重力讓食物自然緩慢地流入胃中。

**Step 5** 每次灌食量約兩百至四百毫升，以自然速度進行。

**Step 6** 每二至四小時灌食一次（依消化狀況調整）。

**Step 7** 睡覺停止灌食，讓病人適度休息。

如果長期反覆罹患吸入性肺炎，許多家屬會選擇鼻胃管，來作為最後的選擇，鼻胃管灌食對於家屬來說，是最容易控制血糖、熱量跟份量的方式，而在管灌的配方上，現在也有許多針對不同疾病製作的不同配方，能夠完整的控制病人的進食狀況。

然而，鼻胃管也有許多缺點，比如無法滿足病人的口慾感、病人因為反覆放置管路引發不適，在照護和清潔上也有許多必須留意的小細節。

## 該選擇鼻胃管、還是胃造廔管？

因為鼻胃管會造成外觀與身體諸多的不舒適，因此現在為了降低病人的不適感，有許多醫護人員開始推廣胃造廔管。

對於傳統亞洲人來說，在家人的身體上開一個洞，是難以接受的觀念，然而同樣是長期灌食，胃造廔管與鼻胃管的差異在於，前者是透過手術在胃部與肚皮表面開上一個小口，經由這個孔洞進行每日灌食的舉動。相對於鼻胃管插入時，所造成身體的不適，胃造廔管只需每天用清水洗淨後，將造口擦乾，在需要灌食時，用順時針旋轉灌食罐的方式，就可以正確灌入食物，既不會妨礙病人的講話及吞嚥功能，也可以減少病人因為不適反覆拔除鼻胃管，造成腹壓過高的出血現象。

## 灌食前的四大準備工作，你做到了嗎？

不管選擇鼻胃管或胃造廔管，在灌食前，都需要確認管路是否正確固定在胃中、有沒有異常狀態，有幾項灌食準備工作，可以用來確保位置零偏差，以及灌食時的安全性。

### 一、食物準備

需特別注意的部分是，有時因家屬忙碌，灌食食物時常置放過久，然而灌食的營養品在常溫下最多不可超過三十分鐘，一旦超過會造成細菌汙染，應重新準備營養品，也要盡量避免營養品太冷或太熱，造成灌食的病人身體不適。

## 二、留意鼻胃管是否固定完全

如果使用易脫落的鼻胃管，灌食前的準備，最重要的，就是先確認鼻胃管是否有好好安置在胃裡。

可以透過以下幾種方式確認：檢查固定膠帶是否鬆脫；刻度是否在正確位置上；另外，也可以將鼻胃管打開開頭置入水中，確認是否有氣泡出現，如果有，就表示鼻胃管可能在氣管內，而非胃部。

## 三、半坐臥的姿勢

讓病人維持背部與床之間呈現四十五度角的姿勢，若無法維持坐臥，就用側臥的姿勢灌食。但無論是半坐臥或是側臥，都必須要以枕頭或被子協助維持姿勢。

## 四、空針反抽查看胃內容物

確認好位置的狀態後，應先以灌食空針反抽鼻胃管或胃造廔管幾次，查看胃部的內容物，除了可以評估上一餐消化的狀況外，若反抽的殘留物超過一百毫升時，應該暫停灌食，隔個一、二小時後再反抽一次評估。此時，少於一百毫升則可進行灌食，若殘留物仍過多，則須繼續評估。

**居家小提醒**

灌食的過程中，需特別留意病人的反應，若覺得胃脹、胃痛，或是噁心想吐，就放慢灌速度，或是暫時停止灌食。

如果發現反抽物出現咖啡、暗紅或鮮紅色，可能表示病人的腸胃道出現了出血的狀況，請務必要馬上就醫；除此之外，灌食中出現劇烈咳嗽、呼吸急促，嘔吐或阻力很大無法順利灌食時，都應該要立刻停止灌食，詢問居家護理師和專業醫生意見做處理。

另外，當病人的鼻胃管脫落，或是胃造廔管滲出組織液、紅腫發炎時，也必須趕緊連絡居家護理師，或是返院請專業人士協助更換處理。

## 灌食時，怎麼挑選適合的管灌配方？

灌食在食物的選擇上，只能選用液狀或泥狀食物，市面上有許多專用管灌配方可以補充營養，一般來說，每毫升約要能提供一大卡的熱量，而**每次灌食盡量不要超過三百毫升，每天灌食六至八次**。病人對於灌食的營養補充品，偶爾會有適應不良的情況，此時多嘗試幾種方式，並輔以醫生意見，才能找到最適合家中病人的灌食品牌！

另外，通常夜晚會建議停止灌食，讓病患也能夠擁有適度的休息時間，如果病人灌食後，反而有營養不良的情況時，回頭諮詢營養師的意見，再增加或使用補充品，才能有效的控制血糖、血脂和熱量。

居家小提醒

**照顧現場知多少？**

四十八歲的黃小姐，曾經與外勞共同訓練過中風的婆婆自主用餐，然而因為太容易嗆到，醫生評斷反覆進出醫院，容易造成身體機能衰退，只好放棄訓練婆婆的進食功能。

醫生教導她使用灌食袋的方式，先加一點開水進去，確認管路是順暢的，再一點一點慢慢滴進去。婆婆有糖尿病，因此使用的是糖尿病配方，原本買了A品牌的糖尿病配方，吃了後一直腹瀉；後來改買B品牌，卻發現婆婆改為不停便秘，後來透過不斷嘗試調整搭配，終於找到最適合婆婆的管灌配方。現在婆婆一天吃五餐，三餐吃A品牌、兩餐吃B品牌，不再有排便不順或拉肚子的困擾。

## 灌食後，管路的日常照護技巧

由於鼻胃管或胃造廔管置入後，通常都會留置在病患身上一段時間，甚至可能會有長期留置的問題，因此在照顧上，必須特別留意保持管路的乾淨及位置的正確性，這樣才能盡量維持病人的舒適感受，減少管路造成的不適。

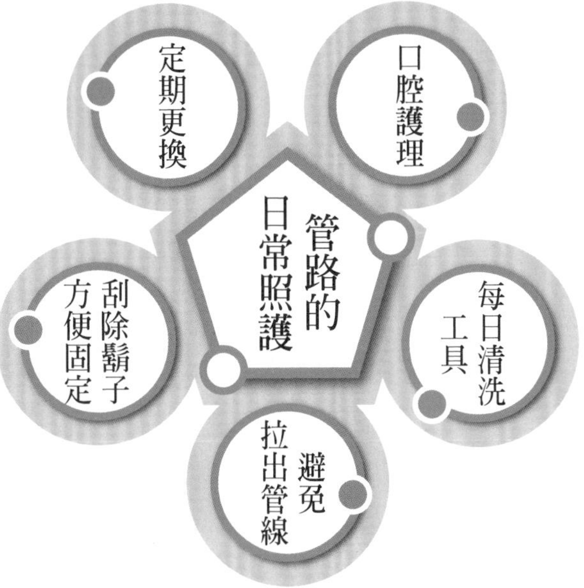


設置了鼻胃管或胃造廔管的病患，雖然不會從嘴巴進食，仍然需要進行口腔清潔，每天至少須清潔口腔一次，才能維持病患的口、鼻清潔與衛生。而營養品灌食完成後，為了減少食物殘留在鼻胃管中，可以使用二十到三十毫升的溫開水沖洗鼻胃管，並將灌食用具以清水洗淨後曬乾，置於乾燥的容器內保存。

為了保持鼻胃管的乾淨，通常**每二到四週要進行更換一次**，可以至醫院更換，也可申請居家護理服務，由專人至家中協助，減輕病人舟車勞頓的負擔。

要特別注意的是，貼在鼻子上、用來固定**鼻胃管的膠帶也必須天天更換**，更換前可先輕輕擦拭臉部肌膚，以去除臉上殘膠，並每日更換膠帶黏貼位置，擦拭和黏貼時都須避免拉出管子，同時不要影響鼻胃管插入的深度。

**胃造廔管**相對於鼻胃管，更換次數可以大幅減少，通常**八週至六個月更換一次即可**，同樣的，固定在胃造廔管上的膠布也須每日清潔皮膚後更換一次，盡量不要固定在同一部位，減少過敏與皮膚炎的產生。

清潔胃造廔管的方式，可以先使用沾上生理食鹽水的棉棒，環狀清潔造口，等到皮膚乾燥後，擦上凡士林保護，最後墊上一層乾淨的紗布固定。

# 第5章

# 居家照護，「穿」是一門學問

自從李爺爺中風以後，許多簡單的生活行為都不能自己獨自完成了。家人為了照顧李爺爺，特地申請了一名外傭來協助他的日常生活，但是對於李爺爺來說，要讓一個外人幫忙脫換衣服，怎麼樣都不能接受，每每外傭要幫忙更衣的時候，李爺爺就開始大吼大叫。幾次以後，家人決定尋求職能治療師的幫忙，透過治療師的協助，爺爺慢慢學會如何使用單手換衣服，情緒也因此穩定了許多……

# 01 居家照顧，衣物好好「穿」

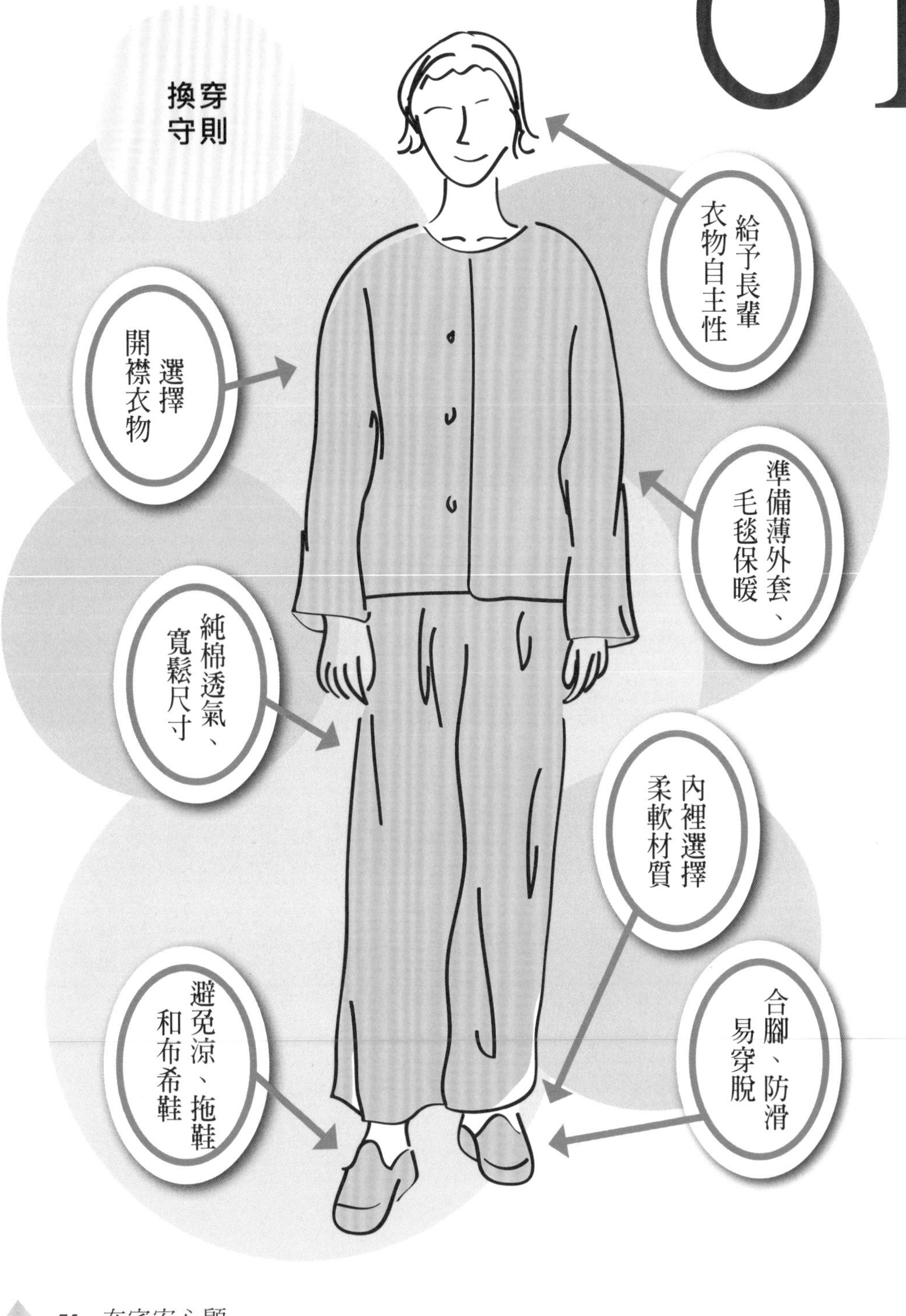
穿換守則
給予長輩衣物自主性
選擇開襟衣物
準備薄外套、毛毯保暖
純棉透氣、寬鬆尺寸
內裡選擇柔軟材質
避免涼、拖鞋和布希鞋
合腳、防滑易穿脫

想要提升照護品質、維持長照家人的舒適日常生活，身體和衣物的清潔，都是居家照護中不可或缺的一環。

居家照護的病人通常都有行動不便、長期臥床、四肢無法施力和關節退化的問題，除了家屬的從旁協助，挑選正確、方便的衣物，才能順利完成穿換過程。

在選擇上，**開襟式的上衣或寬鬆的褲子，都有助於家屬從旁協助穿換**，或是讓症狀較輕的病人利用輔具，順利自主穿衣，讓病人能在生病的過程中，保有一定尊嚴，**維持日常生活的部分獨立自主**。如病人能夠自己穿脫一些簡單的衣物，照顧家屬記得多給予時間和耐心，也可以適時的在旁邊提供一些關鍵的小引導，讓病人穿換衣物的過程能夠更為順利。

## 衣物挑選原則：衣褲寬鬆，鞋子合腳

衣物的穿脫建議，主要還是以舒適為主，美觀為輔。**上衣選擇開襟、純棉透氣的款式**，可以使病人或家屬一人就能穿換完成，如果病人能夠自己穿脫衣物，建議將上衣的**鈕扣改為拉鍊、魔鬼氈款式**，往上拉或是用魔鬼氈黏起就可以穿上，能夠簡化扣上扣子的繁瑣程序。

另外，穿著圓領式的衣服，購買時應挑選大一號的尺寸，女性病人也可以選擇大號的男裝，方便穿脫；有心血管疾病的病人，要記得領口處不宜太緊，以免壓迫到血管流通，造成腦供血不足；而患有肺部和氣管疾病的病人，肺臟比較虛弱畏寒，可以在家穿背心或薄外套，避免因為溫差而受寒生病。

在下著的選擇上，行動不便的病人，最擔心衣物造成跌倒的問題，因此，**除了衣褲寬鬆外，鞋子反而需要選擇合腳和防滑的設計**，才不會因為尺寸不合或地面濕滑，反而被自己的鞋子絆倒。

此外，鞋子的款式上，最好選擇有包覆性的鞋子，避免包覆力不夠的涼鞋、拖鞋和布希鞋，造成腳踝扭傷或拇指外翻的問題。在褲子的選擇上，也有一種魔術扣的全開長褲，更能夠方便患者穿脫，可以減少繁複程序，更加輕鬆地自行換穿。

有些意識不清或是失智症的病患，無法因應氣候進行正確判斷，容易發生夏衣冬穿或冬衣夏穿的情形，此時陪伴的家屬可以先提供衣物，將穿脫流程簡單化後，再照步驟，慢慢的親身示範，引導病人一件一件嘗試完成，在**穿脫衣物的過程中，也能同時增加彼此情感上面的連結與互動**。

衣著不只是生理上的需求，同時也是表現自我、展現審美觀的一種心靈感受。當病人受限於身體的狀況，能夠選擇的衣服樣式逐漸減少，甚至有些病人需要在外觀上放置管路或尿袋時，往往會有一些排斥與抗拒的憂鬱心態。

此時，如果能在安全和方便穿脫的範圍內，給予部分衣物的選擇自主權，比如說：透過顏色、小裝飾、版型設計等等，在外觀上展現一些病人自己的個性，將更有助於病人心情上的調適。

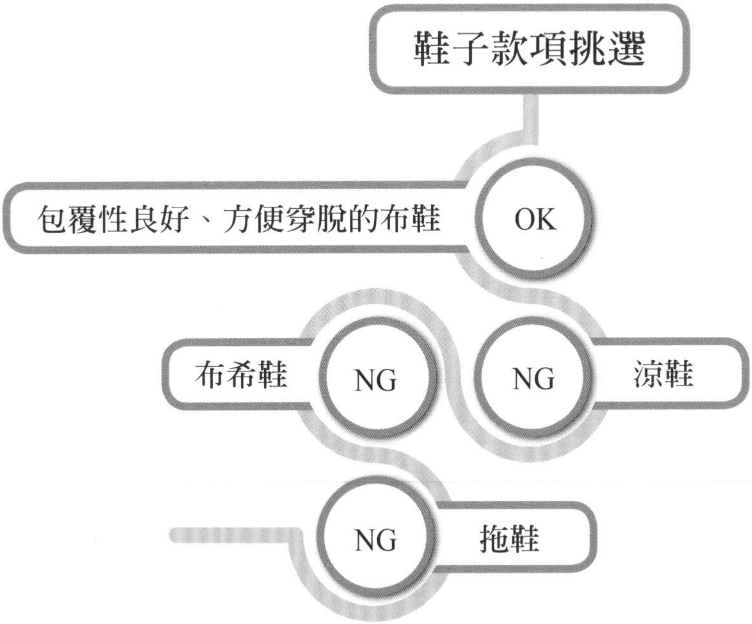

穿脫法

# 02

## 穿脫四字訣——「穿患」、「脫健」

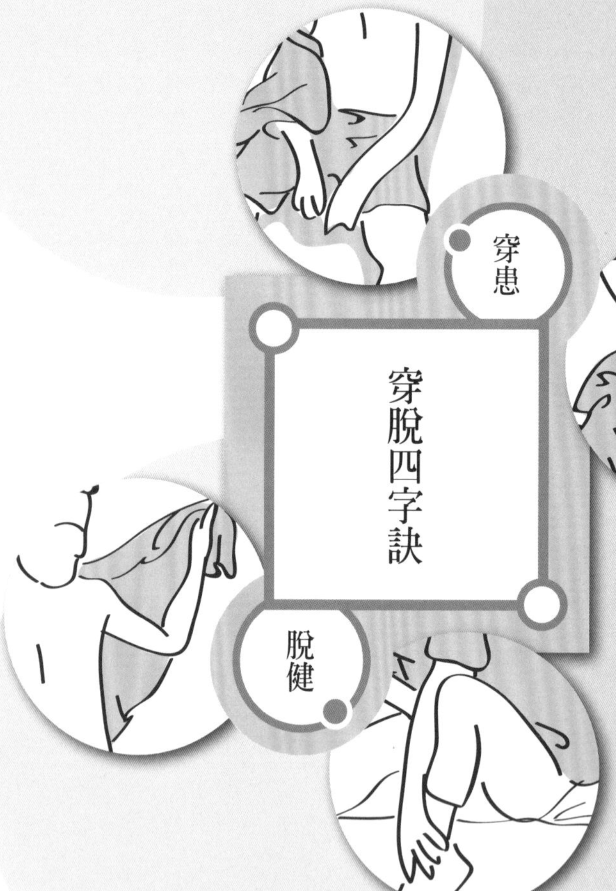

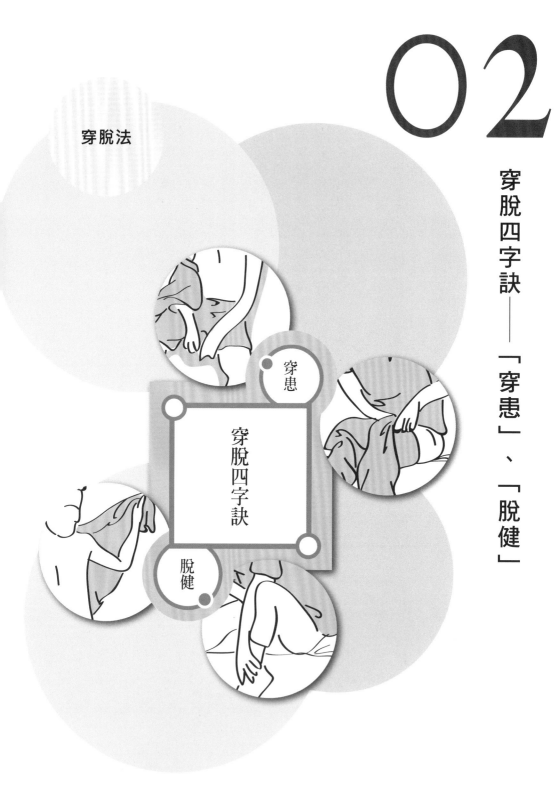

## 開襟式穿脫法

一、先用「健側」手將衣服穿過「患側」手，再用「健側」手抓住衣服，讓衣服繞過右肩。（如圖一）

圖一

二、身體稍微往「患側」傾斜，讓衣服慢慢由右邊穿過「健側」。最後，慢慢地依序扣上鈕扣。（若使用拉鍊式和魔鬼氈衣服，則於穿好後拉起或黏起即可。）（如圖二）

圖二

## 一件式圓領穿脫法

一、先用「健側」手將衣服穿過「患側」手。（如圖三）

二、再用「健側」手抓住衣服，讓衣服穿過頭部。最後，將衣服往下拉好即可。（如圖四）

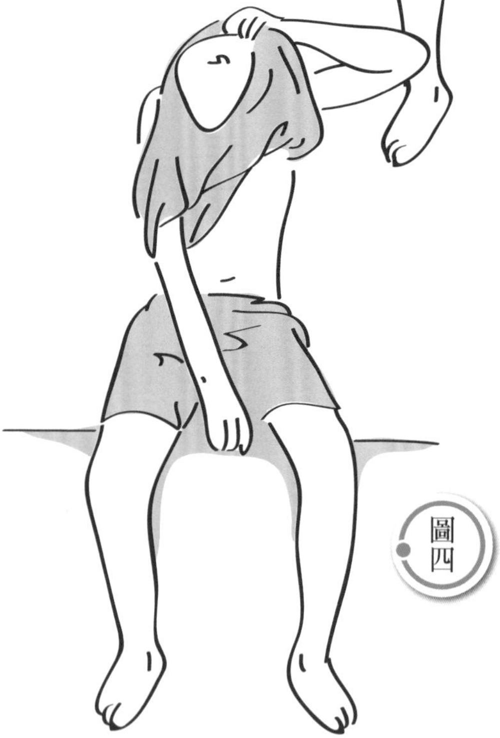

居家小提醒

**開襟式穿脫法**

脫衣時，則以相反方式，解開鈕扣後，將身體稍微往「患側」傾斜，讓衣服慢慢從「健側」移動，等衣服從「健側」滑落時，將衣服從方便活動的手抽出，再使用「健側」手協助將「患側」手抽出。

**一件式圓領穿脫法**

脫衣時，由健康的一側脫起，慢慢往上拉起衣服，低頭將頭伸出衣領，將衣服抽出活動方便的「健側」手，再用「健側」手將另一隻手的衣服抽出即可。

## 彈性棉褲穿法

一、先將不方便活動的「患側」腳穿過褲管，再將「健側」腳穿過褲管。（如圖五）

二、慢慢將褲子往上拉，等到褲子拉好後，如有魔鬼氈黏上魔鬼氈即可。（如圖六）

## 彈性棉褲脫法

一、解開魔鬼氈或鈕扣，將褲子往下拉至露出臀部，身體左右交互挪動，以便褪下褲子。（如圖七）

圖七

二、抽出行動方便的「健側」，踩住「患側」腳的褲腳，拉出褲子。（如圖八）

圖八

以上穿脫衣服、褲子的圖例示範，是假設病人還可以順利坐起，自行練習換穿衣褲的狀態，如果不行，也可以由照護家屬從旁加以引導、協助，先幫病人脫下「健側」部位的衣服，再協助病人往偏癱的那側躺下，將「健側」脫到一半的衣物捲起後，讓病人回到平躺的狀態，協助或使他自己將「患側」剩餘的衣物脫下。

**穿脫四字訣——「穿患」、「脫健」**，指的是換穿衣服的時候，**先從無法自由動作的「患側」穿起，再從另一邊正常的「健側」穿好**；相反來說，等到要脫衣服的時候，就需要先從肢體有力、行動自如的「健側」脫起，如此一來，就能夠讓整體的換穿流程流暢許多。

另外，許多女性中風患者與家屬特有的困擾，就是獨自穿換內衣的問題，中風患者半邊癱瘓後，肩膀的穩定度和手指能力都不夠執行更精細的動作，因此要將雙手放到身體背後並扣好內衣扣子，對病人來說是十分困難的事情。在台灣，因為難以買到協助穿上內衣的輔具，因此內衣的選擇上，可以改為前開式內衣，或是將背扣改成黏扣帶都是一種好方法。如果買不到黏扣式內衣，將內衣繞到身後，用單手從前方扣上後，在轉回背面慢慢勾上肩膀，就能比較容易穿起。

行動不便或中風的病人，一隻手臂不方便穿換，在穿脫衣物上就會需要花上比平常人更多的時間，但透過正確的穿衣方式訓練，搭配適當的衣物輔具，其實也是能讓日常生活中的穿衣動作，不用再仰賴他人幫忙。

## 女性中風患者內衣選擇

前開式

黏扣式

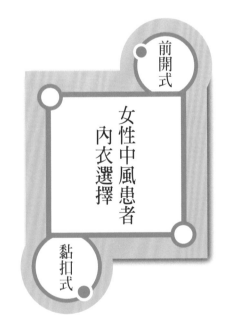

居家小提醒

**長照衣物的最新科技：長照智慧衣**

現在有一種智能衣物叫做長照智慧衣，結合醫療、紡織和電子三大產業設計，材質為高度耐水洗的不鏽鋼金屬編織物。衣服內安插了電子晶片裝置，就可以二十四小時緊密監控病人的呼吸、溫度、心電訊號等資料，將這些資料連結到照護平台，平台的照護人員透過手機或電腦，能掌握到即時的病人動態和健康情形，一旦發生異常，就會出現警示。

目前在台灣，已有一些老人的照顧機構引進長照智慧衣，不但節省人力，更能全面留意長者的需求，給予所需的及時協助。

**照顧現場知多少？**

方先生幫中風的媽媽買衣服時，一定購買前扣式的衣服，盥洗或擦身體時不用整件脫掉，外傭一個人也能獨自幫媽媽穿脫，媽媽如果偶爾要抓癢，也可以自己單手解開扣子。除此之外，彈性、尺寸加大和純棉材質也是最主要的挑選條件，從女裝最大號到男裝，因為媽媽的肚子比較大，選購男生的運動褲時，寬鬆的衣物比較能讓媽媽日常活動上舒適又輕鬆，而純棉材質，對於久坐、久躺的媽媽來說，比較不會有濕疹的問題。

換穿守則

# 03 輕鬆穿脫靠輔具，生活更便利

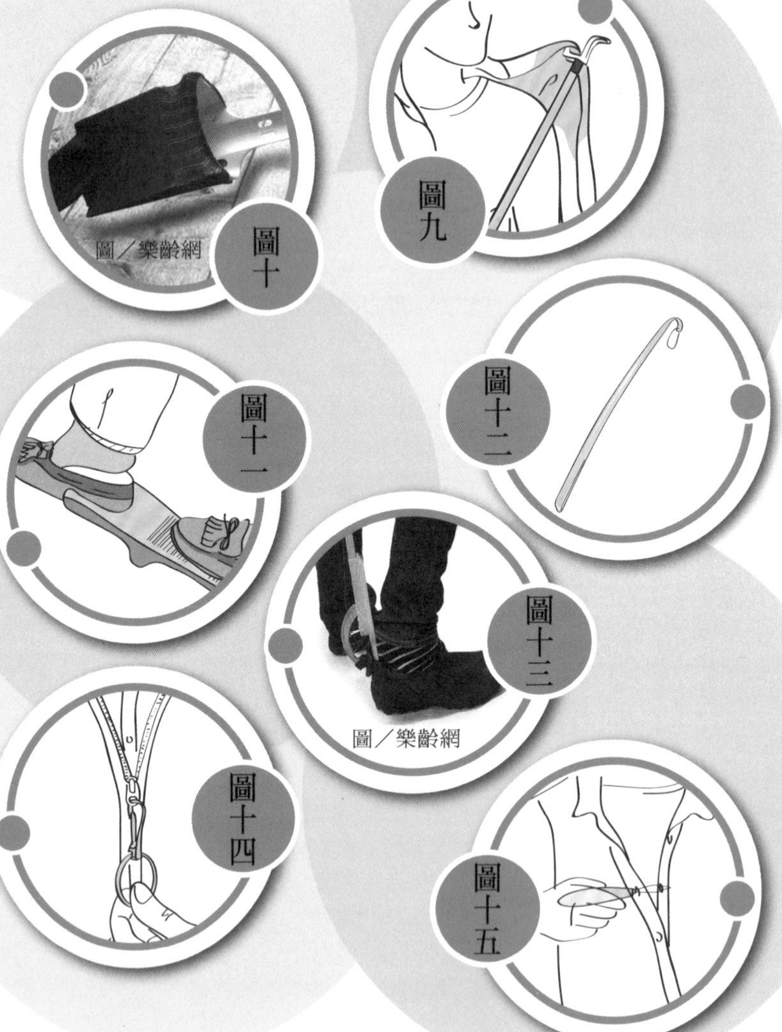

◇圖九——**穿衣桿**

對於單側中風或手部功能退化的病人來說，可以選擇適合身高的穿衣桿輔助穿衣，兩側的雙鉤設計，除了能幫助勾取地上或周圍的衣物外，也能協助一般衣褲或拉鍊的穿脫。

◇圖十——**穿襪輔助器**

適合四肢關節退化，不方便活動的被照護者，將襪子和腳同時套在輔具上，拉住兩端繩子，不需彎腰即可順勢將襪子穿上。可自行運用保特瓶、硬紙盒、紙筒製作，加上繩子即可同樣達到功效。

◇圖十一——**脫鞋板**

利用一隻腳卡住另一隻腳的鞋來協助脫鞋，用「脫鞋板」穿脫鞋時，應坐下或以手扶住扶手，以確保安全。

◇圖十二——**長板鞋拔**

長板鞋拔可輔助行動不便或關節退化的被照護者，不論站著、坐著都可不用透過彎腰，就能輕鬆穿上鞋子。

◇圖十三——**穿鞋輔助器**

穿鞋輔助器類似鞋拔，差異在尾端有夾取鞋子的輔助器，適合握力不足的病人，增加施力、取物的便利性。

◇圖十四——**拉鏈輔助器**

因為視力、手指能力的退化，太小的拉鍊會造成病人難以拉上，此時可以加上「拉鏈輔助器」，或直接購買較大拉鍊頭的衣物。

◇圖十五——**穿扣輔助器**

對於手部已經僵硬的病患，扣鈕釦需要較精細的手部動作，使用「穿扣輔助器」，先穿過鈕釦洞再拉出鈕釦，可協助被照護者自行穿扣鈕扣。

（備註：部分無法在醫療器材行買到的輔具，可上網路平台輸入關鍵字搜尋，依實際需求加以選購。）

對於許多行動不便的衰弱病人來說，拉拉鍊、扣釦子，甚至是抬腳、彎腰等精細動作，要努力完成是一件十分困難的事情，尤其是中風的病患，雖然可以靠單手進行部分的生活行為，但是穿脫衣物上，仍然會面臨不少困難，透過穿衣輔具的幫助，能夠大幅減少病人在穿脫衣服時，肢體上可能會有的彎曲舉動，避免病人從一早的穿脫衣服開始，就耗盡所有的力氣，同時也能減少照護家屬的負擔。

穿衣時，想要解決手部精細能力不足和視力退化的問題，可以透過穿衣桿、拉鍊輔助器和穿扣輔助器等小工具，來幫助改善病人難以使用手部的狀況。

而穿衣桿除了勾取衣物外，也能用來勾取掉落地面的物品，減少病人彎腰的機會，讓生活活動更自如。

除了衣服的輔具外，穿鞋、穿襪等需要肢體伸展、較吃力的動作，也有能夠幫助病人解決彎腰困難問題的輔具可使用，透過穿襪輔助器、穿鞋輔助器或是長板鞋拔來勾取鞋襪，不需要彎腰就能達成穿脫的目標。

值得注意的是，如果使用鞋襪輔具時，為了避免穿脫時肢體不穩，反而造成病人跌倒，仍然需要從旁注意，或是教導病人一定要扶穩周遭扶手、椅子坐穩後，再進行穿脫的動作。

使用這幾種生活類輔具時，如果能**事先徵詢復健科醫師的評估指導**，就能正確使用工具輔助而不會受傷，同時**搭配職能治療師的復健計劃**，讓病人在日常生活中，能找回微弱的自信與生活控制權。

# 04 照護尿布選法有道理

## 尿布怎麼挑？

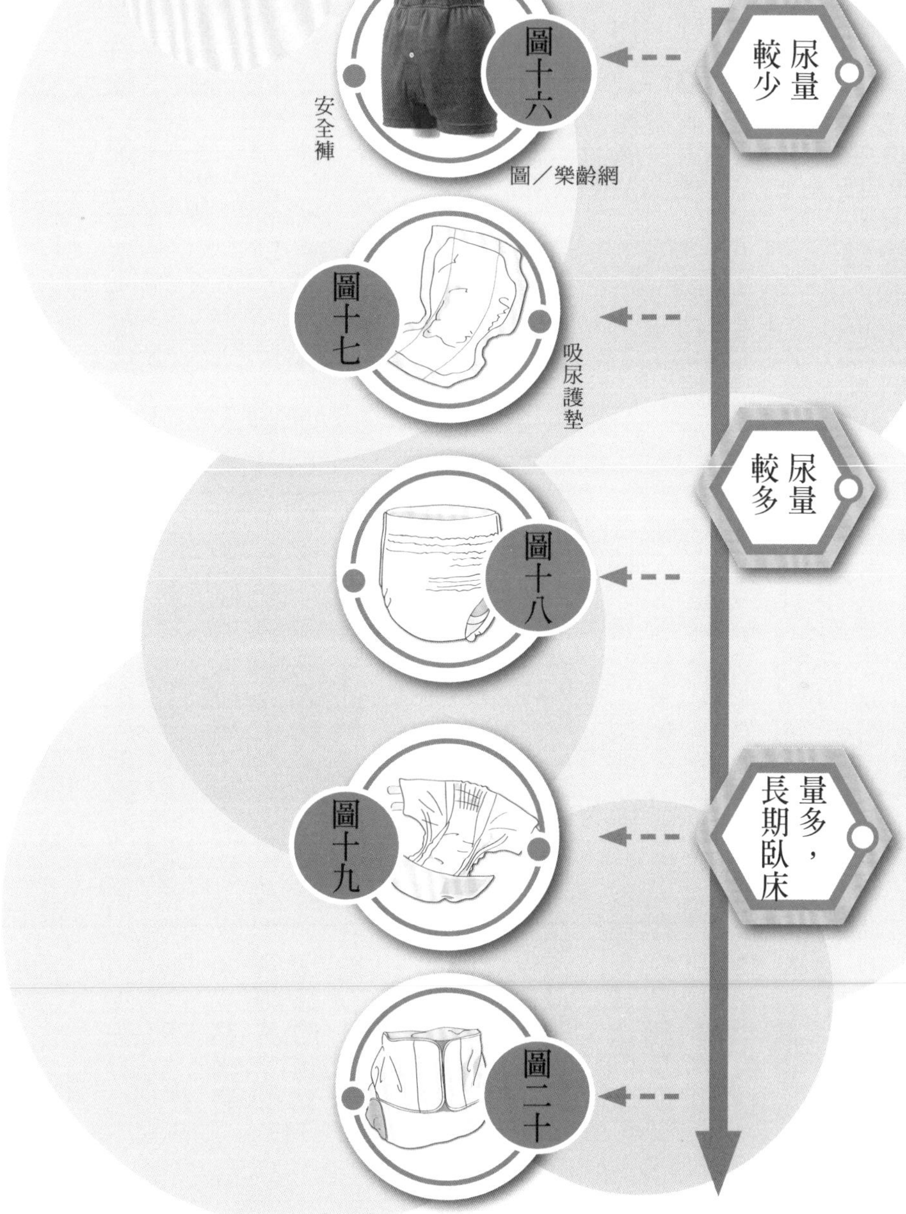

## 尿布種類百百種，配合尿量選擇尿布

**◇圖十六——安心褲、失禁褲**

類似普通內褲，內裡設計有防水及吸水部分，強化股間的吸水性，可重複洗滌，適合漏尿量少的被照護者。

**◇圖十七——吸尿護墊**

可吸收並凝固尿液的高分子材質，薄型黏貼式的材質，與普通內褲搭配使用，較為清爽方便。

**◇圖十八——內褲式尿布**

腰際彈性較好、穿脫方便，適合可坐臥、站立或移動的被照護者。

**◇圖十九——黏貼式尿布**

黏貼式尿布內含高分子吸收體，能吸收大量的尿液，適合長時間臥床或尿量較大的被照護者使用。

**◇圖二十——布尿褲**

布尿布與紙尿布類似，差異在於可重複清洗使用，搭配吸尿護墊使用，可加強避免臥床的病患尿液溢出的問題。

長期臥床或肢體不便的病人，多少都曾發生過無法順利前往浴廁，或不自覺失禁的情形，造成異味產生。因此，隨身的防漏是病人重要的照護需求。尿布的款式，依據每個人不同體型、漏尿的量和使用時機等差異各有不同，因此，尿布的種類並非選擇一種就好，配合病人當天的不同狀態，來選擇不同款式的尿布，甚至是混合使用，才能讓病人如廁之路，走得更順暢舒適。

依據尿量使用尿布，是初幫病人挑選的家屬，可以拿來參考的重點。有些尿量偏少或是漏尿情況不嚴重的病人，只需要使用吸尿護墊或失禁褲即可，吸尿護墊和失禁褲相比其他尿布，較為通風、材質薄透，比較不容易引起病人的悶熱感與不舒服，而失禁褲分成四角型與五角褲型，可依個人狀況做搭配，也能夠重複洗滌，比較經濟實惠。如果病人不想穿失禁褲，護墊搭配普通內褲也是一個好方法，在平日的生活中不會造成過多困擾，也能避免漏尿和一時失禁的情況。

假如漏尿量較多的病人，並沒有自行起身、移動的問題，此時也可以選擇設計成內褲型態的尿布，彈性的褲頭設計，類似於免洗內褲，但吸水性卻更強，方便病患穿脫之外，也不會有合不合身的問題，對於仍然能自行如廁的病人來說，是能兼顧病人隱私及失禁問題的好工具。如果是長期臥床的病人，則最好採用吸收量大的黏貼式尿布或布尿布，黏貼固定的款式，可以依個人身材比例加以調整，如果尿量過大，也可以使用紙尿布與布尿布結合，雙重保護。不過，對於暫時性臥病在床的病人，仍然建議在情況慢慢好轉之後，慢慢回復正常如廁和排泄的舉動。

## 預防尿布疹的三大重點護理

尿布使用與更換不當，可能會造成發癢、紅腫和尿布疹的形成，當病人長時間使用尿布，卻沒有好好更換或清潔，會導致皮膚與尿布間產生高溫、悶熱和不透氣的密閉環境，尿液和糞便等排泄物放置過久時，產生的酵素與身體相互磨擦，就容易導致皮膚出現尿布疹、水泡等嚴重過敏的現象。

尿布疹好發的部位，包含：股溝、會陰部、生殖器、肛門及臀部周圍，嚴重的情況下，還可能合併成細菌或黴菌的泌尿道感染，尤其臥床病人多半抵抗力虛弱，反覆感染可能導致病人身體更加衰退。以下提供預防尿布疹的三大重點護理方式，在清潔上，時常更換並正確的擦乾臀部，讓其**隨時保持清爽乾燥的狀態，是預防尿布疹最重要的方式**。

### 一、經常更換尿布，使用溫水清潔

勤加更換尿布，是降低尿布疹再犯機率中，最重要的一環。病人每次大、小便完畢後，應立即使用溫水或中性的沐浴乳進行清潔，清洗完畢之後，一定要維持局部乾燥，可以使用棉質毛巾擦拭，或是使用冷風吹風機微微風乾，市面上販售含有酒精的溼紙巾或是鹼性肥皂，最好避免使用，因酒精和過鹼的肥皂，都可能造成皮膚乾裂，對於病人原本就很脆弱的皮膚，反而會導致過敏加劇。

## 二、使用凡士林，有效隔離大小便

清洗通風之後，可以塗抹一層薄博的凡士林，凡士林或水乳膏能夠有效隔離大小便、汗水對肌膚導致的摩擦，減少糞便中的酵素直接造成病人罹患接觸性皮膚炎。切記，清潔乾淨的乾燥臀部，應該**避免在包尿布時使用到滑石粉、爽身粉**等粉狀物，這些東西一旦與尿液結合，反而會導致臀部環境更為悶濕，增加發炎和起疹子的情況。

## 三、保持皮膚通風，留意室溫調節

平日替病人翻身時，盡量維持側翻角度，減少臀部與床墊的接觸面積，同時留意室內溫度的調節，避免汗水造成皮膚的悶熱紅腫，沒有使用尿布的時候，更要盡量減少皮膚與床墊、枕頭的直接接觸。除此之外，雖然要盡量維持病人皮膚的乾爽，但是須**避免刻意使用有熱度的吹風機或烤燈**，幫病人進行身體烘乾，溫度過高與悶熱，反而會造成皮膚龜裂和發炎現象，需要特別留意。

居家小提醒

### 照顧現場知多少？

多年前的一場車禍意外，讓王小姐的父親長期臥床無法起身。為了避免包尿布的父親長褥瘡和濕疹，每次清洗完父親股溝，除了使用衛生紙擦拭乾淨外，還會將父親的股溝打開後，用「低溫冷風吹風機」將它吹乾，直到一摸就是乾爽的狀態，再上藥、穿尿布，這樣的方式不僅能讓父親感到更清爽舒服，原本的濕疹傷口，上藥後癒合的狀況也很良好。

# 05

# 沐浴，短暫的身心靈全面放鬆

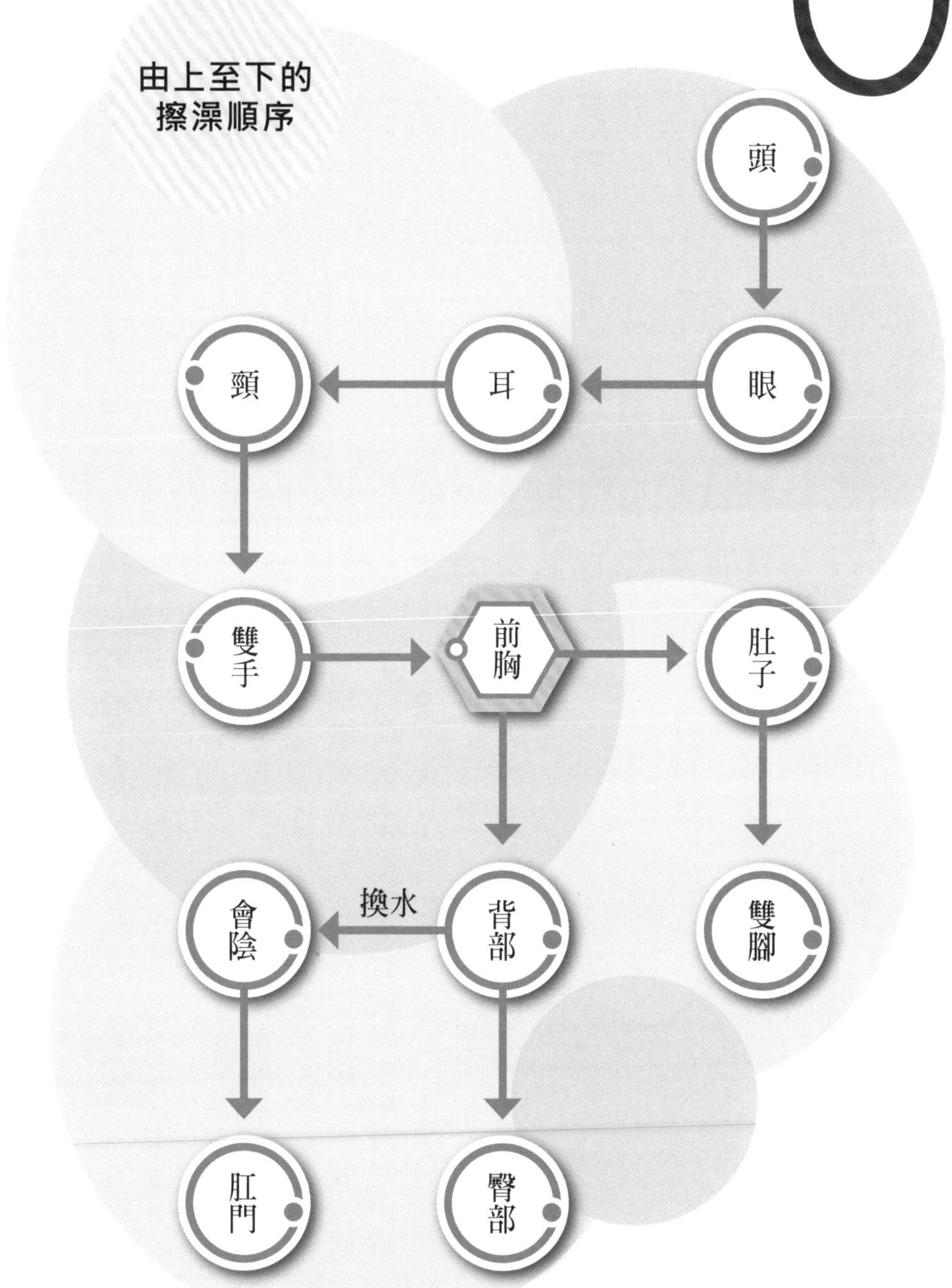

## 有一種享受，叫作洗澡之樂

乾淨的衣著與乾爽的皮膚，都是讓病人的身心短暫舒緩的利器，即使是臥床不起的病人，利用洗澡椅、扶手等輔具，由照護家屬從旁協助進行身體基本清潔時，都能得到全面性的放鬆。

行動不便的病人跌倒，多半是在沒有安全扶手的自家住處，其中，又以在浴室和廁所等濕滑地方跌倒的比例最高，因此，**協助病人進行身體清潔時，首先就要留意防滑和防跌的問題**，如果是使用淋浴，可以購買能調整高度的洗澡椅，這類型的洗澡椅通常都會具備防滑腳墊、上掀式扶手和靠背等配備，可以穩定身軀，有些還會加裝柔軟的椅墊，讓病人洗澡時，整體感受更舒服，也兼具安全性。

如果病人可以下床活動，那麼盡量每日或每兩日協助病人淋浴、盆浴一次，有些家屬擔心病人可能會有跌落浴缸的危機，其實只要水不要放過滿、在旁協助監看，或是使用特殊設計的開門浴缸，都能很容易地將行動不便的長者，從輪椅或洗澡椅上移入浴缸，讓病人適度享受泡澡的樂趣。

如果病人無法下床活動，至少每日要進行床上的擦澡一次，並且每週淋浴一次，才能徹底地清潔，杜絕細菌感染的危機。如果照顧家屬的人力不足，無法大幅度的搬動臥床病人，現在也有到府沐浴車的申請服務，隨行人員包含護理師、照服員和操作員，在專用的車輛中，透過組合式的浴缸協助病人沐浴，可以適時的評估申請。

協助病人清洗時，除了要顧及病人的心情，多注意病人隱私外，熱水的溫度及跌倒的安全也需要多加注意，一般來說，水溫維持在三十七度到三十九度都算正常範圍，如果無法準確的評估溫度，沖洗的時候，先使用手感受一下水溫，如果感覺熱或燙，就應該要降低溫度，讓水溫處在溫溫的狀態即可。

另外，沐浴時先從乾淨的地方開始清洗，關節彎曲和皮膚皺摺處要特別清潔；如果病人有放置管路，應該先沐浴後，再進行管路和傷口的護理。身體清潔後，可以塗抹適時地塗抹一些中性護膚乳液，防止病人的皮膚乾裂、過敏。

### 居家小提醒

開門式浴缸，是一種透過符合人體工學的坐式設計，浴缸的呈現方式有點類似一般的日式小浴缸，浴缸內一體式的椅子和可倚靠的小空間，都能減少病人跌進浴缸的問題。

開門式的浴缸內也備有扶手和防滑功能，兼具安全性的考量外，也能讓病人享受難得的盆浴時光。

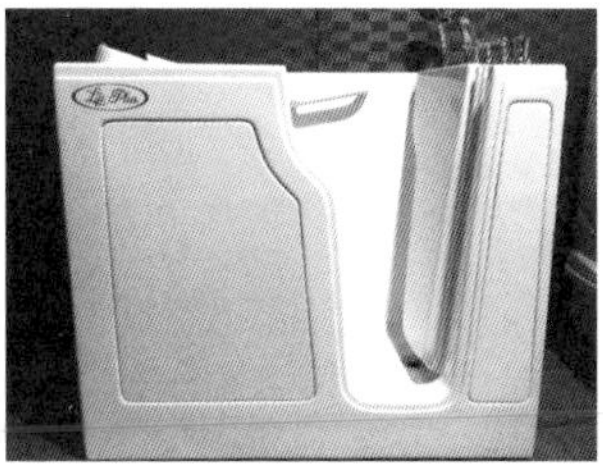

圖／樂齡網

## 清潔手腳不容輕忽

身體清潔往往會忽略手和腳的指尖隙縫，如果病人不能自由活動自己的雙手或雙腳，雙手容易產生異味、腳上也會帶著皮屑。清潔手腳可以選擇與沐浴一起完成，不論是盆浴、淋浴或擦澡，徹底以肥皂清潔每一隻手指、腳趾的指縫，就能還病人一個乾淨的手腳。

單獨清潔手和腳時，可以準備塑膠墊、臉盆、毛巾、肥皂和指甲剪。先將塑膠墊放在床上，避免清洗時，水噴濺到床上，在臉盆內裝入溫度不高的溫熱水，將其中一側的手或腳放入盆中，浸泡幾分鐘後，再拿肥皂搓洗每一隻手指和指縫，直到沒有皮屑或污垢後，沖水洗淨，再換另一側的手或腳，重複執行。

清洗完成後，可以加入修剪指甲的步驟，如果指甲太硬，可以透過浸泡泡軟的方式，再慢慢修剪。手指甲需剪成弧形；修剪腳指甲時，應修短和修平，防止指甲兩端長長後岔入趾肉中，修剪指甲時要記得不可以短到傷到皮肉，造成病人不適的問題。

## 學習孩子洗頭方式：方便的洗髮小工具

長期臥床，頭髮更容易沾染上汗水和體液，造成病人黏膩不舒服的感覺。每週除了沐浴外，須至少至浴室洗頭一至二次，不方便下床的人，也要記得協助病人在床上洗頭。

帶領病人至浴室沐浴時，可以使用學齡前小孩常用的隔水洗髮浴帽或是毛巾，阻絕洗髮精對雙眼造成的不舒適；病人長期臥病在床，則可以使用充氣式或自製的洗頭槽，用接近洗髮店的躺臥式洗髮模式，讓長輩即使臥床，也能享受到溫水洗髮的樂趣。

躺臥式洗髮需要用到的工具，包含：兩個水桶（可裝清水或髒水）、浴巾、毛巾、水瓢、洗頭墊或黑色大型塑膠袋、梳子、洗髮精及吹風機。將大浴巾捲成長筒狀，放入塑膠袋底部，做成馬蹄形後用膠帶固定，協助病人平躺，將頭移到床邊預備放髒水的水桶前，將自製洗頭墊放在病人頸部，就能製出簡單的洗頭槽。最後，仿效美髮店，用乾毛巾和塑膠袋中的大浴巾包裹及擦乾頭髮，用吹風機吹乾即可。

現在也有**乾式洗髮**的方式，相當方便照顧家屬幫忙清潔，不用使用到清水，先拿熱毛巾敷在頭部三到五分鐘，拿掉毛巾後，抹上乾式洗髮精，邊擦邊按摩頭皮，接著用毛巾反覆擦拭幾次，直到頭上的洗劑全都清潔完畢，使用吹風機吹乾即可。

市面上也有販售一種**免沖洗洗髮帽**，製成像是浴帽的形狀，只要在使用前透過加熱微波，戴上浴帽後搓揉幾分鐘，最後拿起浴帽將沾濕的頭髮吹好，就能清潔完畢。

居家小提醒

## 照顧現場知多少？

七十九歲的羅老先生，因為急性腦中風，沒辦法自行洗澡，也無法坐在浴缸裡面，容易半身傾斜的倒下。家人幫他洗澡時，都是採用坐浴或擦澡的方式。白日裡，外傭每天都起床幫羅老先生擦澡，而等到下班時刻，就由外傭幫忙扶進廁所，坐在洗澡椅上，家人一邊攙扶一邊協助老先生洗澡，避免老先生在浴室裡滑倒。

為了避免泌尿道的反覆感染，洗完澡後，家人會協助他將尿道口擦乾，保持乾燥；洗頭時，就透過毛巾遮住額頭，叫老先生眼睛閉起來往頭後沖水，老先生每次沖完，都咯咯笑得很開心。對於家人和病人雙方來說，洗澡有時不僅是清洗病人身體，更是一種每日的互動方式。

正確照顧
牙齒的方法

# 06

# 正確清潔口腔，遠離全身疾病

### ◇鼓勵自行刷牙

如果病人並非完全失能，能夠執行一些簡單的日常生活行為，可以透過洗手台、坐在椅子上或床上，來鼓勵病患自己清潔口腔。

### ◇口腔觀察

每天至少一次使用鏡子及手電筒檢查口腔狀況，檢查是否有蛀牙以及食物殘渣殘留的狀況，可使用包了紗布的壓舌板協助固定舌頭，再使用手電筒輔助。

### ◇耐心誘導

潔牙前，先給予病人放鬆按摩；採取不變的SOP增加安全感；容許病患潔牙時拿著自己熟悉的物品，或是聽喜歡的音樂放鬆，都能降低病患潔牙過程的厭惡與警戒。

### ◇舒適的姿勢

使用小枕頭或是被子供病人坐臥，並且在潔牙時，嘗試各種不同姿勢，選擇一個家屬能方便口腔護理，對於病患來說也最舒適的姿勢。

### ◇維持嘴唇濕潤

清潔完牙齒，可使用乾淨毛巾擦乾病患嘴巴周圍，適當的塗抹護唇膏或凡士林，能夠讓嘴唇隨時保持濕潤，減少病患清潔後造成的不適感。

## 早、晚刷牙一次就夠了嗎？

不管是能自行用餐的病患、或是已經放置鼻胃管、胃造口的病人，都應該進行基本的口腔清潔，才能降低細菌和蛀牙的風險。

不良的口腔照顧，不但可能引發口臭、牙周病問題，更可能引起口腔失能、肺炎或心血管等危及身體健康病症。因此，一旦發現病人有口腔或掉牙的問題，要記得請牙醫或居家護理師提供建議，千萬不能放任不管，造成後續更多併發症。

除了每日早晚，也可於三餐飯後增加一次潔牙次數，使用小頭軟毛牙刷，沾上一點含氟牙膏或漱口水，並搭配牙線或牙間刷潔牙，才能徹底清潔牙齒細縫內的汙垢，必要時，也可以使用開口棒幫助病人開口，但一定要注意清潔時病人的舒適程度，才不會讓病人一想到刷牙就開始害怕、不配合。

口腔清潔中常常出現的海棉棒，雖然柔軟細緻可以輔助潔牙，但不建議完全取代牙刷使用，**清潔牙齒還是要以軟毛牙刷為主**，在輔助以海棉棒、棉花棒輕刷舌苔和口腔，也可以沾取一些檸檬水，分次輕刷，降低病人刷牙時的不適。

如果發現病人的口腔有輕微紅腫、潰傷，可以增加口腔護理的次數，每二、三小時就進行一次潔牙清潔的動作。如果遲遲好不了，還是得至牙科看診或諮詢醫生喔！

居家小提醒

**到宅牙醫服務**

台灣近幾年健保開始給付到宅牙醫服務，行動不便的病人若有口腔問題，外出就醫不便時，可以進行申請。

經由牙醫師公會通過後，安排牙醫師前往家中訪視、評估是否適合於家中診治，再安排後續的宅牙醫服務。

## 正確清潔口腔方式

正確的潔牙，首先家屬需要先徹底清洗雙手，避免清潔時將手中的細菌也帶往患者口腔中，也可以穿戴拋棄用的診療手套，再協助病人刷牙。如果是意識清醒的病人，可以透過邊刷牙邊向病人說明步驟的方式，降低病人的警戒心。另外，刷牙前可以手電筒檢查一下口腔狀況，如果遇到缺牙或蛀牙的情形，就須帶著病人前往牙科看診。

### 口腔清潔四要點

**牙刷**

長期使用同一支牙刷，黴菌和細菌會滋生在刷毛處。刷頭保持乾燥，並每月定期更換，是牙齒保健的基礎。

**餐後立即潔牙**

用餐後立即潔牙，才能降低細菌滋生在免疫力差的病人口腔。

**姿勢**

如果病人可以維持坐姿，儘量讓他保持坐下的姿勢，才能避免口水聚積在喉嚨引發嗆咳；如果病人無法久坐，也可將床背升起三十到四十度，保持側臥姿勢。

**定期檢查**

為了確保牙齦健康，定期檢查還是有其必要性。如果病人行動不方便，也有健保給付的到府牙醫服務，可以請居家護理師轉介。

潔牙時，注意姿勢是否安全正確，家屬站著幫病人刷牙，容易因為下巴抬起，咽喉和氣管形成一直線，漱口液或口水誤入氣管，造成不當吞嚥的情形。

清潔時，協助病人搖高床頭，讓病人採取半坐臥的姿勢，而非躺著，讓將身體蹲低、視線相交，讓病人微微的縮起下巴，才能安全漱口液更易停留口中，避免病人嗆到。齒縫間的殘留物，可以透過軟毛牙刷或牙間刷輕輕刷掉後，再使用海棉棒清潔。

避免刷牙時的汙水沾附身體或枕頭，可以在病人下頷處、胸前和枕頭上都鋪上一條小毛巾，側頭幫助病人清潔。如果病患沒有辦法自行張口，透過口咬器或壓舌板協助，用海棉棒沾水清潔，必要時，用空針抽水沖洗後，也可以同樣利用抽吸器將水抽出。清潔完畢後，用衛生紙將病人嘴巴擦乾，也可以微微塗抹護唇膏，

居家小提醒

**照顧現場知多少？**

孫太太的爸爸多年前罹患了失智症，現在已經嚴重到無法自行刷牙、進食的地步，孫太太的爸爸從一開始能夠嘴巴張開、自己用漱口水清潔，一直到現在，都是由孫太太用漱口水沾濕牙刷幫他刷牙。孫太太的爸爸有使用類固醇噴劑，每次噴完後，必須要進行額外的口腔清潔，才不會造成嘴巴舌頭破皮，影響口腔黏膜。因此，孫太太每天也會使用口腔清潔的海棉棒，幫他濕擦做清潔。刷完後，會再使用海棉棒輕輕沾溼唇部和嘴角，讓爸爸濕潤一下。

## 假牙vs.真牙，清潔方式大不同

配戴假牙的病患與家屬，習慣以清潔真牙的方式來清潔假牙，但因為假牙的材質相比真牙，其實較為脆弱柔軟，因此不當的清潔方式，反而會造成假牙表面產生刮痕，細菌透過刮痕侵入假牙內，再經由配戴造成口腔疾病發生。

### 正確清潔假牙四步驟

**Step 1**
使用牙刷清水刷洗假牙，去除顆粒較大的食物殘渣。

**Step 2**
將假牙放入水杯中，倒水蓋住假牙，並丟入假牙清潔錠，浸泡假牙五到十分鐘後，再換清水沖洗。

**Step 3**
配戴前再以清水洗淨一次後裝入。

**Step 4**
如果沒有立即配戴的需求，也可於清潔後另行泡入清水中，保持濕潤，否則容易變形。

## 假牙清潔禁止事項

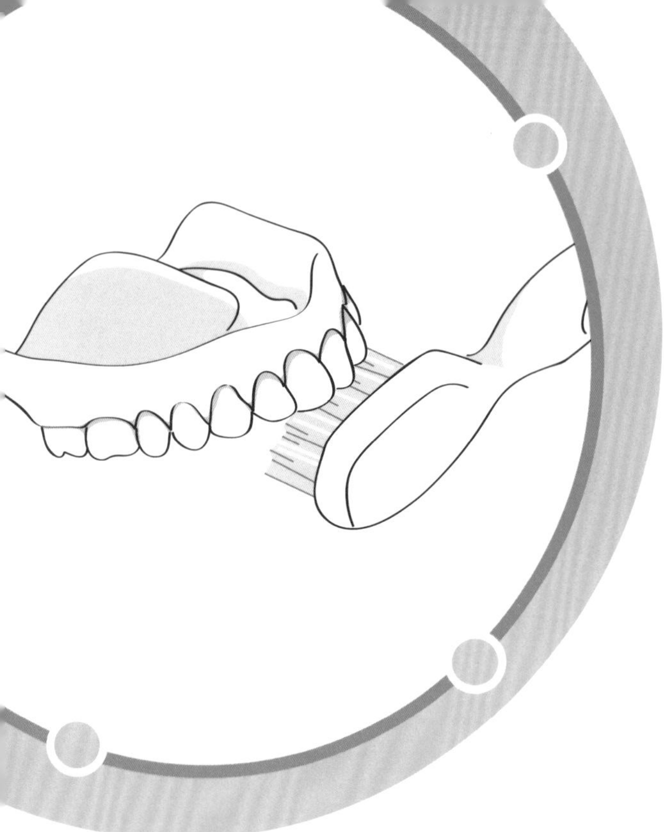

◇**NO！使用牙膏清潔假牙：**

除了固定式假牙，一般活動假牙的材質較軟，牙膏的研磨粒子運用在假牙清潔上，會造成假牙表面磨損跟刮痕，磨損的刮痕容易使細菌滋生其中，反而造成配戴時的發炎現象。

◇**NO！力道過大：**

力道過大會導致假牙掉落或斷裂，折損假牙的壽命。

◇**NO！太相信假牙清潔劑：**

市面上雖然有許多假牙清潔劑，但其實假牙還是需要透過牙刷適度的刷洗，不能完全仰賴清潔劑進行清潔。而牙刷的選用，盡量以假牙專用牙刷或是軟毛牙刷為主。

◇**NO！使用熱水、酸性物質清洗：**

有些人會使用酒精、醋、鹽水、熱水等清潔假牙，都會造成假牙受損、變形。

◇**NO！帶假牙睡覺：**

晚上睡覺時，絕對不能戴著假牙睡覺，且每天配戴假牙最長勿超過 十六小時，過度佩戴假牙會增加牙床受力，反而容易萎縮，影響假牙與口腔的密合度。

◇**NO！飲用浸泡過假牙清潔錠的水：**

有些病患習慣將淨泡過的水，當作漱口水

使用，但假牙清潔碇內含特殊化學成分，並不適合人體漱口或飲用。

## 卸下和裝入小技巧

一、假牙裝入：假牙裝入時須對準牙鉤套住牙齒，兩手左右平行地將假牙裝入口中，千萬要避免沒看口內就硬裝入、或是使用咬的方式將假牙定位，這兩種方式都可能會導致被牙鉤鉤住的牙齒受傷。

二、假牙卸下：假牙卸下時，從一側的牙鉤開始拆除，拆完一側再換另側牙鉤拆除，切勿強行拉扯假牙。另外，養成在就寢前卸下假牙的習慣，可以讓和假牙接觸的黏膜在夜間也能獲得休息。

許多病人隨著年齡增長，牙床逐漸萎縮，不得不配戴活動假牙，但**假牙配戴不慎，反而容易使其成為嘴中凶器**。

有些患有失智或失語症的病患，無法準確表達疼痛的感覺，更容易因而忽略，當發生有食量減少或拒絕進食的情形時，可以透過觀察牙齒咬合的狀況，來判斷是否因假牙配戴不慎，造成口腔受傷。

假牙配戴的初期，有些人會出現說話不順暢的問題，透過大聲朗誦報紙能加速適應新假牙。

活動假牙無法如真牙般穩固，所以應先由軟食物如豆腐、稀飯開始練習。另外，如果配戴時產生疼痛或潰瘍的症狀，要立即請牙醫師修整，千萬不要自行修磨。

第6章

# 居家照護，
# 如何「住」得放心？

回到家的李爺爺，只能靠著輪椅行動，每次從一個房間移到另一個房間，或是從輪椅上將爺爺抱起移動到馬桶、浴缸，就是場難以應付的硬戰，成為彼此的痛苦折磨。因此，家人希望平日只有外傭一人時，李爺爺能夠盡量包著尿布生活。然而，這樣無法自主如廁的日子，對爺爺來說不僅沒有控制權，也沒有尊嚴。終於，在爺爺嚴重絕食的抗議之下，家人決定徹底的對家裡環境進行一連串的居家大改造。

# 01

## 居家照護環境的六大重要原則

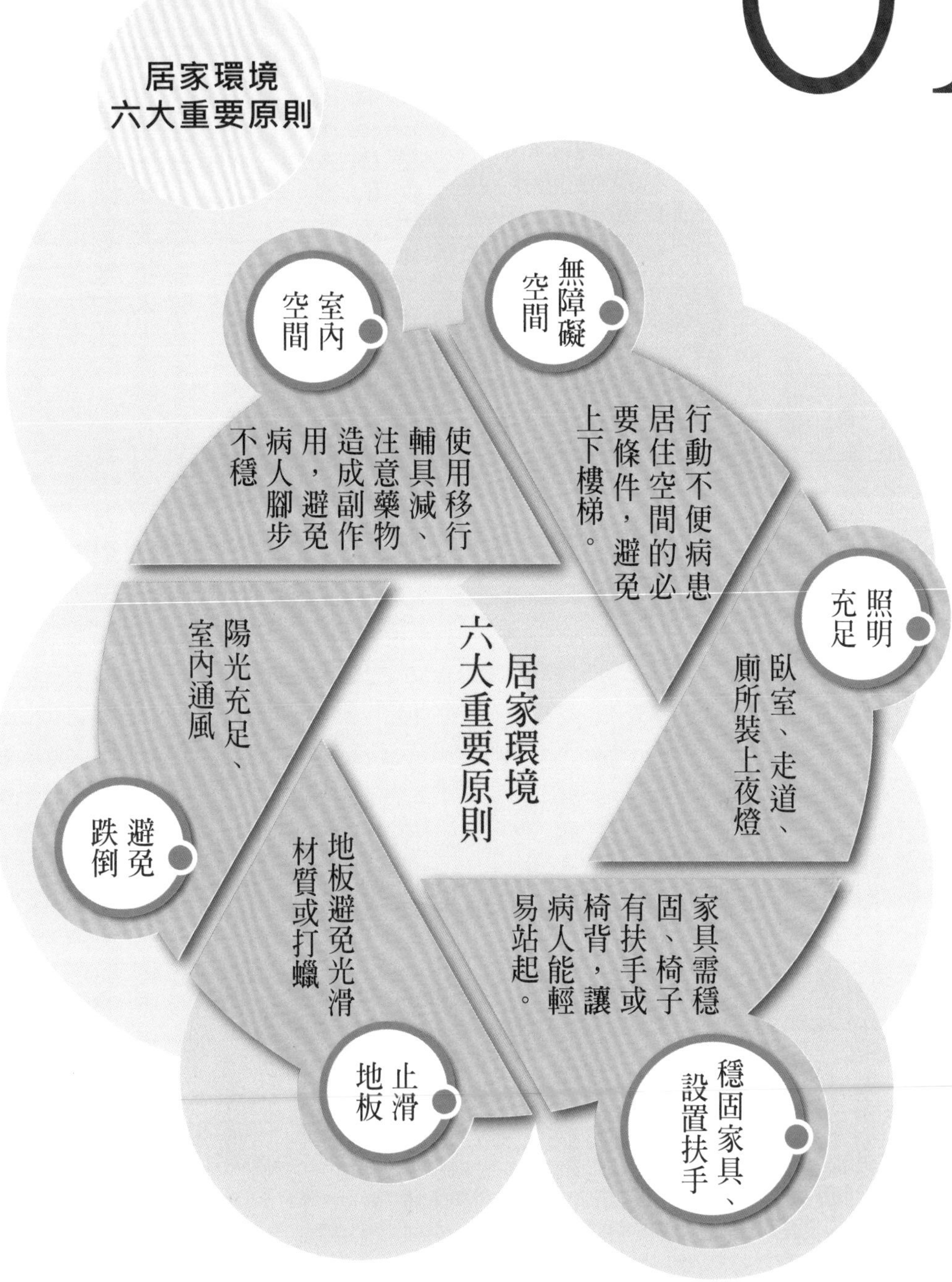
居家環境
六大重要原則
室內空間
使用移行輔具減、注意藥物造成副作用，避免病人腳步不穩
無障礙空間
行動不便病患居住空間的必要條件，避免上下樓梯。
照明充足
臥室、走道、廁所裝上夜燈
穩固家具、設置扶手
家具需穩固、椅子有扶手或椅背，讓病人能輕易站起。
止滑地板
地板避免光滑材質或打蠟
避免跌倒
陽光充足、室內通風
居家環境六大重要原則

因疾病或意外而需要被照顧的人，其中有很大一部分都是中、老年人，這些人因運動神經和肌耐力漸漸衰退、或是疾病造成半身癱瘓、行走不能，往往只要一摔倒，就會造成嚴重的骨折挫傷，甚至得面臨死亡風險。

行動不便病人最常發生跌倒的兩個地點，一個是有坡度的人行道或路邊；另一個就是住家的浴室廁所了。不管是居家照護型態的老人住宅，或是傾向「在家養老」的居家環境，病人的健康安養問題，都是相當重要的一件事。

安全、安心的優良居家環境如何建構呢？只要把六項居家照護環境主要大原則把握好，就能同時維持既有的生活模式，使病人留在自己熟悉的住所得到妥善照顧，又不至於因過大的改變，使得家庭成員們完全被迫配合病患，重新適應一個新的家庭狀態。

常見的環境危險，往往建構在家中雜物過多、家具擺設不當或燈光昏暗、地面濕滑等問題。如果在不友善的環境中行進，原本行動不便的病人，相較一般人更容易發生絆倒危機，因此，失能的病人由住院階段轉往居家照護的過渡期，更要事先考量到病人回歸家庭可能面臨的環境問題，比如：增加無障礙空間的設置，盡量避免病人的居家環境需要面對上、下樓梯的問題；在地板裝設止滑墊，同時增設扶手等，才能降低跌倒的機會。

高光度和光滑表面的地板材質，不適合使用在整間屋子裡，尤其是光滑磁磚遇到有水的浴室，對於病人來說非常的危險。相比之下，木質地板由於有木頭紋路，比較適合行動不便的病人。如果一定要使用磁磚、大理石材質，在磁磚的選用上，盡量以高防滑係數、表面有凹凸紋路、觸感粗糙的磁磚為主；也可使用數公分大小的小型馬賽克磁磚，小塊磁磚互相拼貼，不僅看起來美觀，密集的縫隙也能提高止滑效果。

有些失智症病人對於地板的花紋有視知覺障礙，容易把花紋看成髒污、爬動的小蟲，或是將光滑的地面看成地上的積水；而對於光線過度敏感的症狀，如果遇上光滑面的地板，有時也會造成紊亂與幻視情況，進而引發心情上的焦躁不安，因此，家中如果有失智症長者，在居家擺設上，要避免地板、牆面和貼花板有過多的花紋和色彩，如果選用腳踏墊，也要記得在腳踏墊下面貼上防滑材質，隨時注意邊緣是否有捲起或皺褶的問題。

除此之外，不管是熟齡住家還是無障礙住家的打造，最重要的，都是注意家中門檻與門檻間的高低落差，例如：將落地窗的窗溝藏進地板；或是將洗手間突起的門檻設呈小斜坡，或以藏地方式代替。如果能在裝潢時，特別將這些空間死角考量在內，就能減少後續空間變動的疑慮。

所謂無障礙空間，除了打造居家環境的所有動線都呈現無障礙的狀態，其實，**無障礙空間還隱含了「輔助」和「設計空間」的概念**在裡面。對於很多半失能的病人來說，許多簡單的日常活動還是能自主進行，只是隨著病程、年紀，漸漸的走不遠或是站不久。將電線、雜物，或是樓梯，在無障礙的設置裡面屏除，讓輪椅四處通行無阻；擁有穩固的家具與扶手也是相當重要的一件事。打造一個能夠協助病人建立起自主生活的居家環境，幫助病人在空間裡順利進行日常活動，才是無障礙空間的終極目標。

## 居家環境改善與房屋修繕

當迎接病人回家時，有些家屬可能會特別購買專用輔具和進行簡單的無障礙空間修繕，其實修繕和輔具，都有簡單的補助申請方式，可以降低照顧的花費。房屋修繕最簡單的流程，是直接經由戶籍地所在之長期照顧管理中心、社會局或區公所提出申請，區公所和社會局會轉交長照中心進行失能評估，等到核定完成後始就可以開始購置輔具與修繕房屋了。

居家修繕的補助並不限定為六十五歲以上的老年人，包含植物人、肢障、視障、失智或重度智能障礙、重度器官障礙等身心障礙者，都是補助的對象，只要經由醫生完成身障鑑定，擁有身障手冊，就能申請無障礙設施的補助。

目前居家修繕補助的項目包含：廚房改善工程、浴室改善工程、各式扶手、斜坡道、斜坡板、防滑措施、門之加寬／更換／剔除門檻等等。補助的對象首先必須要經過ＡＤＬ及ＩＡＤＬ等專業評估，影響日常生活活動、或生活需要他人協助，才可以進行申請。如果是房屋修繕的補助，申請核銷的流程就比較複雜，需要在申請後三個月內完工，並且後續通知照管中心完成完工評估，評估後寄回核銷資料，才能申請核銷。

由於居家無障礙環境設施可能會改變一部分的房屋結構，因此申請補助前，必須先檢附房屋所有權狀跟房屋使用證明影本申請；租屋族也需檢具租賃契約、屋主房屋所有權狀影本以及改善同意書；另外，如果工程會影響到公共區域，需要額外檢附其他住戶同意書才能進行申請。

目前依據病人的狀態和年齡，補助項目和金額各有不同，如果詢問照管中心後，發現不符合補助標準，也可以提出需求後，自費找職能治療師協會、私人廠商來進行評估跟規劃，讓居家無障礙空間的設置更為完善，同時也能減輕一些家屬的財務負擔。

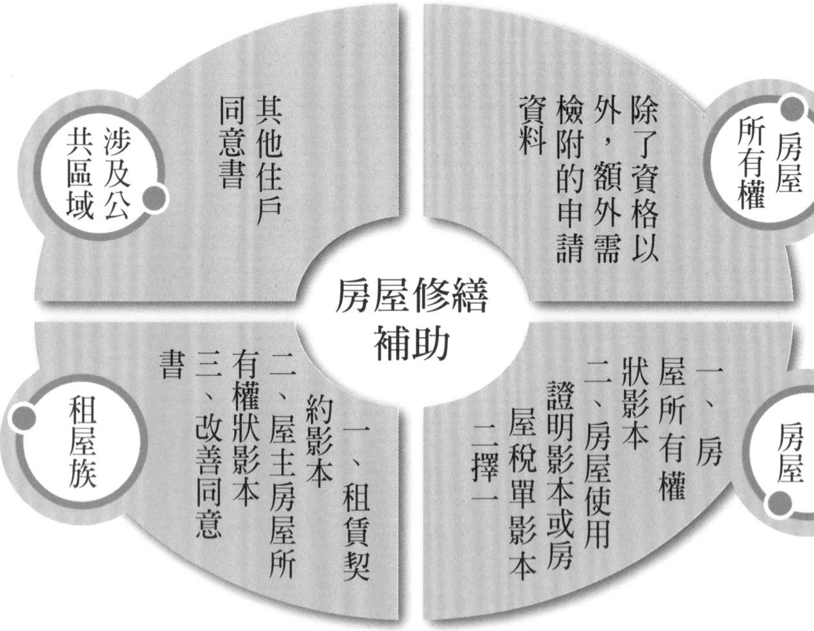

# 02 四大居家重點空間改造術

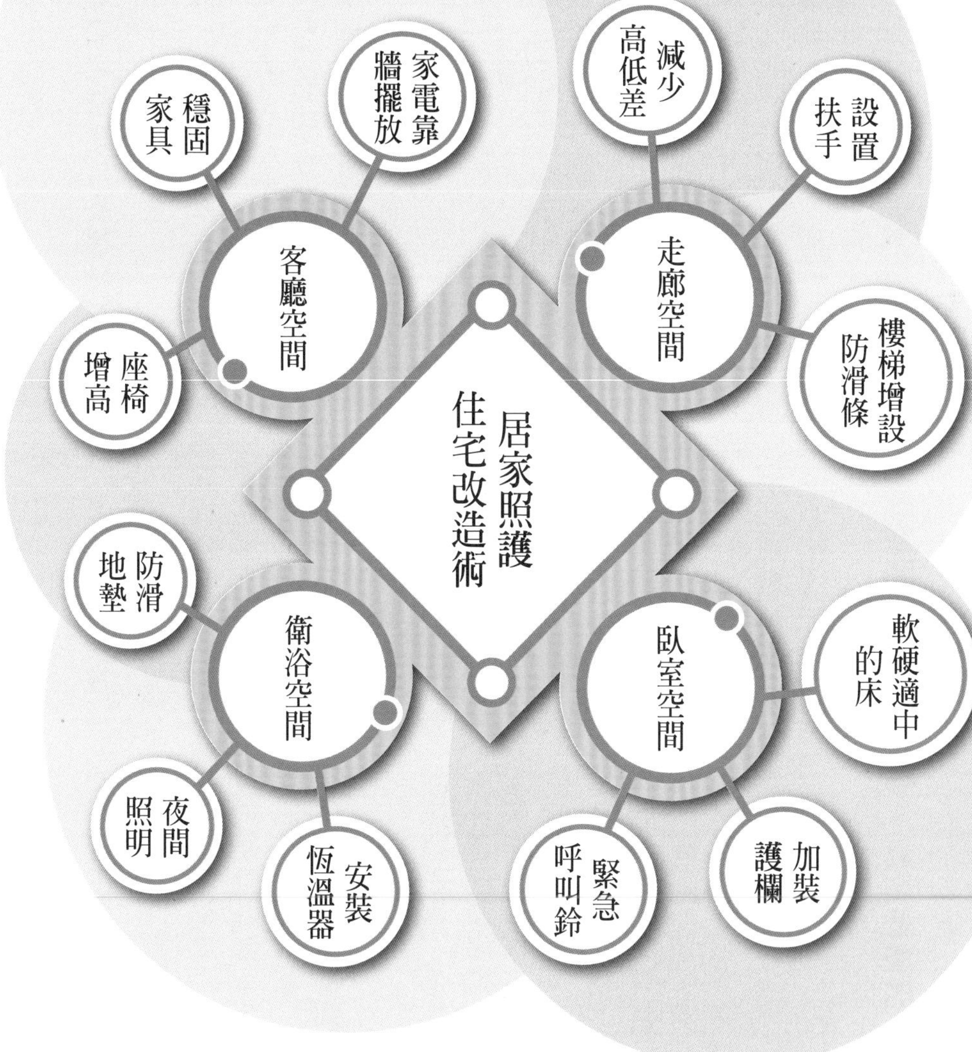

## 客廳空間：避免高密度家具及雜物擋道

客廳是一個家庭最重要的交流之處，家庭中主要娛樂和休憩都在這邊進行，因此，空間是否適合行動不便的病人移動、入座，讓病人也能一同參與家族的聚會時光，相當重要。

許多家庭的日常生活空間狹小，但客廳卻被數量過多的「整套整組」沙發桌椅佔據，出入需要側身而過，對於透過輪椅代步的病人因為難以通行，反而降低了留在客廳的意願，同時也增加跌倒的危險。

一般建議在沙發與沙發桌之間，至少要維持五十公分寬的行走空間，才不會影響日常行走動線。另外，對於可以行走但關節不靈活或有毛病的病人來說，一般的沙發座椅高度普遍都偏低，在彎腰或蹲下時會產生困難，可以選擇增高的沙發椅或是可升降的電動椅，改善起身時的壓力。另外，沙發椅的選擇，要以結構扎實、穩固為主，避免病人一坐下即陷進沙發泡棉裡，如果有扶手或靠背，也能成為行動不便病人起身時的支撐力。

想要提升家具的穩定性，可以在桌子、椅子等四腳上增加橡皮吸盤或防滑貼墊來加強穩定性；切記，家中盡量避免擺放地毯，尤其是長毛或絨毛地毯，這類型地毯特別容易卡住拐杖，造成跌倒。

另外，家中的家具或物品擺設不當，是容易導致絆倒的原因之一，不論是孫子的玩具或是網路線、電線等電子耗材，都可能使病人在危機重重的不便環境中行走，發生跌倒的意外。隨時留意容易堆放雜物的客廳走道或玄關接縫，將雨傘、鞋子等常用物品好好收好，避免它們散落一地；同時，電扇、除濕機或是吸塵器等中小型家電記得靠牆擺放，動線劃分清楚簡單，才能布置出完美的居家照護空間。

## 走廊空間：創造有扶手、無高低差的走道

一般人往往以為，走道與臥室之間的高低

落差不要太大就可以被接受，但「要高不高、要低不低」三至十五公分的小落差，如果沒有明確的標示，反而是最容易絆倒的高度，有些高差過大的和室房間，由於離地明顯，反而不容易因為不注意而造成絆倒危險。

**降低臥房與走道之間的門檻數量**，必要時降低它的高度，並在走廊加裝自動感應燈具、減少走道旁的插座和延長線數目；如果有階梯就在樓梯旁加設扶手、同時鋪上色彩鮮明的防滑帶，必要時，甚至可以購入垂直升降梯等電動設施，都是**營造安全廊道環境**的重要方法。

在走廊旁容易跌倒的地方加裝扶手，其實對所有年齡層來說都是相當重要的輔助，例如：突然扭到腳、閃到腰，需要在家靜養的時候。如果此時家中已經預先裝設好扶手，就能減少移動時造成的痛苦與不便。現在許多扶手的設計都相當簡約漂亮，不同於以往在醫院看到的冷冰冰扶手，在自宅裝修時，預先將扶手融入設計空間中，不僅能夠妥善防跌，未來隨著病程產生更嚴重的失能狀況時，也能善加利用扶手，進行一些簡單的日常生活行動。

如果家中本來沒有扶手裝設的空間，也可以進行扶手的局部裝修，除了容易跌倒的浴室以外，樓梯、走廊，甚至來來去去時常進出的玄關，都可以加裝安全扶手，避免因為重心不穩，隨意扶著不穩固的家具或桌緣，反而導致身體整個傾斜的意外。

## 衛浴空間：增設防滑地墊及夜間照明燈

浴室是最容易造成行動不便長者危機的一個居家環境，儘管滑倒的危機四伏，許多半失能長者卻往往需要每日前往沐浴，除了長輩沐浴時，

傳統透天住家，衛浴往往位在樓梯的下方，或是樓層的尾端，對於行動不方便的病患十分不友善，為了避免光線不足導致其他安全上的危機，可以在**階梯、暗處、轉角、廊道**這幾個夜間起床會經過的地方，多**增加一些照明設備**，減少跌倒的機會。

有一些老人家比較節儉，不喜歡手動開燈，或是想起床如廁卻一時找不到光源，此時購入的自動偵測照明就能完全派上用場，下床時，觸發房間的小燈打開，走到樓梯口，樓梯燈自動亮起，對於夜視能力不足的病人來說，無法準確地找到燈具開關，自動照明也顯得相當重要。

衛浴的部分，除了應在**馬桶邊、浴室牆面上加裝扶手**外，**加高的馬桶坐墊**可以更方便關節不好的病人移動，同時，應在浴室**洗手台周遭，加裝固定式平台**，讓病人可以在使用時手部有支撐，又能避免直接倚靠洗手台導致洗手台爆裂的意外。

如果衛浴空間設有浴缸，不管是浴缸內外都應該擺放防滑墊，並在浴缸內多增設一個浴缸座椅增加洗澡時的穩定性；如果僅是坐著沐浴，浴缸長度也不宜過長，坐下時能直接將腳打直放好即可。

即便裝設了防滑墊，浴室地板仍然要隨時保持乾燥，挑選有點紋路的磁磚增加地面摩擦力，或是單一顏色鮮明、辨識度高，與周遭地板形成對比強烈的防滑墊，視覺能力退化的病人才能清楚安穩地踏上防滑墊，並透過視覺上的對比顏色提醒，讓病人行動時不自覺地更加謹慎。

如果衛浴空間僅有蓮蓬頭，在淋浴間增設扶手、加裝洗澡椅，能減少病人進出洗澡花費的心力。安裝扶手時需計算好病人的身高、手臂長度、適當併用直式跟橫式的扶手，且最好能在裝設時讓他親自試用看看，同時參考專家或賣場人員的意見，才不會讓扶手的裝設「有名無實」。

另外，沐浴時可盡量由第二人一同陪伴協助，有些病患會因糖尿病、中風導致感覺遲鈍，在浴室中接觸到熱水也可能發生燒燙傷意外，因此，將熱水器溫度降低、盡量安裝定溫器採取定溫的方式、洗澡前先用手幫忙病人測試溫度，都能減少溫度過高造成的傷害。

有一些租屋的家屬，如果實在無法改變住家設施與空間，距離廁所或衛浴設備有十分遙遠，夜間時，也可以在臥室設置便盆椅，方便晚上起床上廁所時，不用千里迢迢地穿越好幾個走廊和臥室。

居家小提醒

有些特別設計過的旋轉坐墊，可以搭配洗澡椅使用，在進入浴缸或需要轉身的情況下，能讓家屬輕鬆協助行動不便的長者移動。

圖／樂齡網

## 臥房空間：挑選一張專屬的「好眠」照護床

提到病人的臥室空間，首重床的擺設與挑選，尤其長期照護的病人，往往都有失眠和褥瘡的困擾，如何挑選一個軟硬適中、適合翻身和盥洗等特殊醫療動作的床鋪，必須要經過多重考量。

一般來說，帶了點硬度的床相較於柔軟的床，比較適合行動不便的病人活動，不至於讓他們的身體陷入軟床墊之中，反而不利翻身移動或爬起，間接造成褥瘡的產生。因此，挑選床鋪，應該要以「能夠在床墊上走動的硬度」為準則，才能避免一些半身還能移動的病患，越躺越無法起身的窘境。

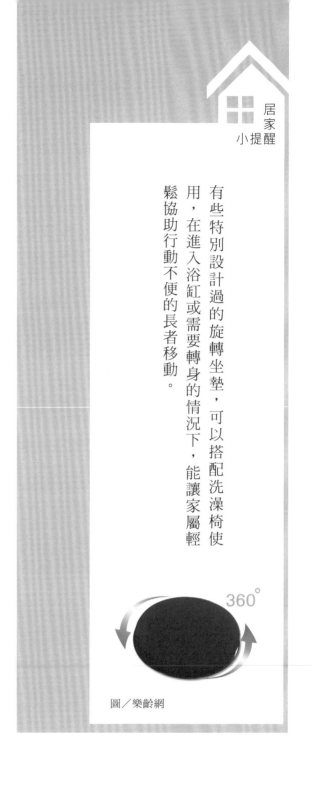

另外，床的選擇，算是比較特殊、需要量身訂做的輔具，除了盡量找與病患相同高度的人試躺看看外，建議在購買照護床的時候，一定要與門市專業人員或居家護理師討論過後再作決定。

不管是使用一般床架或是電動照護床，床面和地面一定都會有高度上的落差，為了避免病患從床上滑落，在床上加裝護欄是十分重要的一環，**購買時須特別注意護欄的設計**，整片式的護欄設計，與床緣的間隙最好小於六公分，如果是雙欄式欄杆，則至少要小於十二公分，才能避免睡覺時，病人肢體從病床卡進護欄間隙所造成的傷害。如果病患有尿管或是鼻胃管的管線，裝設護欄時更要特別預留管線的位置，才不會發生管線夾到的狀況。

當購買的床鋪為電動床，但卻無法隨著按鈕控制或移動時，首先要確認電源插座是否插上，電源開關有沒有啟動，仍然沒辦法操作，就要改採手動操作，馬上通知廠商維修，才能避免電動床隨意行動造成意外。

除了床的挑選外，現在也有很多專為輪椅使用者設計的低矮儲存櫃、衣櫃等，可以擺設在臥房中，供病人自主更衣或儲存物品。

為了增加病人在臥室行動的自主性，也可以沿著病人在臥室的行徑路線，加裝輔助的扶手，協助病人從床鋪自己移動到輪椅或便盆上；亦可在穩固的床邊桌上，放置電話、水杯以及呼叫鈴，讓病人一遇到任何問題，都能立即尋求到協助。

顧及安全的同時，多對居家空間進行一些設計和規劃，透過照顧的角度，讓失能病患維持一定程度的自主能力和自尊心，例如：每隔一小段空間，就讓長輩有可以坐、扶或靠牆的輔助設計，才能真正達成一個「零」障礙的居家環境。

居家小提醒

## 居家輔具非買不可？還有「輔具租借」的選項！

一台三萬元的照護電動床，對於經濟不許可的家庭來說相當昂貴，買了之後，你又開始擔心這台三萬元的照護床，能使用多久？長輩走了之後，要怎麼處理？其實現在有許多輔具租借的單位可以申請，透過以下三個單位的租借服務，就能讓照顧家屬的金錢壓力大幅降低，對於短暫需要借用輔具的家庭，也是相當好的協助資源：

- 各縣市政府輔具資源中心。
- 醫療器材公司：可上衛服部社家署的輔具資源入口網查詢。
- 各大基金會／協會。

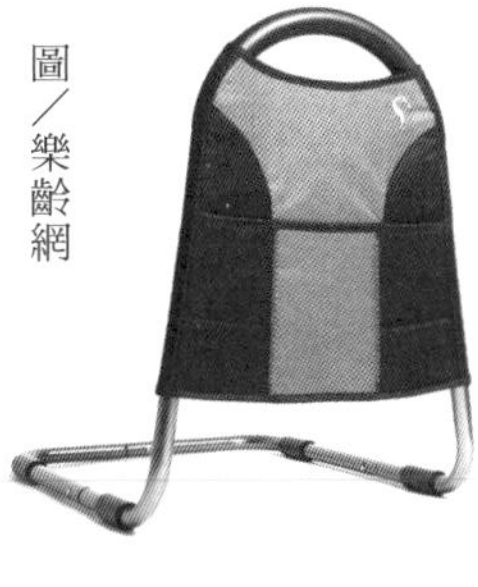

圖／樂齡網

住宅輔助
裝置

# 03 用科技取代退化，高科技住宅輔助裝置

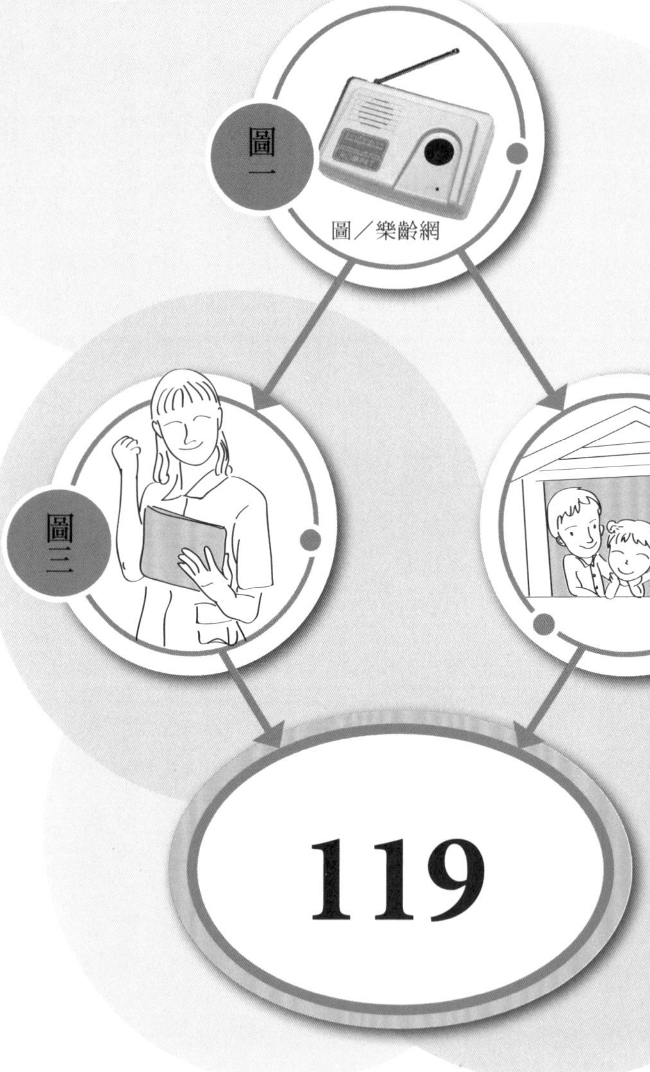

## 一鍵發送求救訊號：遠端緊急救援系統

緊急救援系統（圖一）類似於個人的專屬保全，當緊急狀況發生時，長者可以透過按下按鈕，將求救訊號同時傳至家屬（圖二）APP與遠端的緊急救援中心，當中心服務人員（圖三）接獲求助訊號時，便可透過主機與長者通話，協調適當的救護單位提供家屬，同時連絡家屬快速前來。

國內目前與政府有進行合作的廠商為中興保全，提供的隨身型緊急發報器類似於汽車遙控器大小，同時配有防水、防塵的攜帶型按鈕，只要按下緊急救援裝置，二十四小時運作的守護中心就會知道有緊急事件發生，中心護理師收到訊息，將能立即確認長者狀況。

各縣市依照戶籍所在地，補助的方式與對象各有不同，可以透過**一九五七的衛服部福利諮詢專線**，確認相關補助方案的調整異動。如果不符合補助項目，也可自費申請救援系統或是上網購買基礎簡易的家用緊急救援通報器使用，簡易的通報器雖然無法連結救援中心，但是能自動撥出設定的電話號碼，透過雙向對講機功能，監聽長者在家是否遭遇緊急事故。

## 居家照護的機器醫生：每日生理資訊監測系統

**基礎生理監測**往往是照顧臥床病患每日必備的一項功課，包含：**體溫、心跳、呼吸、血壓、血糖、心電圖**等，透過每日定期紀錄表格資料，能夠提供醫生更詳細判定病患狀況的資訊。

如果礙於時間與工作無法時時監測，也可藉由生理資訊監測系統協助記錄長者資料，能夠定時定點對於久病臥床的長者進行監測，將數值透過系統雲端紀錄，隨時達到健康狀況的偵測與觀察，以便在健康狀況惡化前就提出警告。

## 瓦斯、一氧化碳與住宅用火災警報器

瓦斯和天然氣一旦洩漏而未察覺，不僅容易因為燃燒不完全導致一氧化碳中毒，更有甚者，可能導致瓦斯氣爆的危險。

對於逃跑不易的長者來說，在住宅安裝安全警報器，是第一時間協助意識到發生危機的好幫手。瓦斯警報器安裝的場所，建議應裝設於瓦斯燃燒設備裝放的空間，例如：瓦斯熱水器、廚房爐具的位置；而一氧化碳警報器的安裝，則建議每個生活空間（客廳、玄關、臥室、走廊、廚房、車庫……）都能至少安裝一個，並需設至於天花板距離三十公分以內的地方。

火災警報器，又分為偵煙式和偵熱式兩大種類，偵熱式火災警報器是以周遭環境溫度，作為火災判斷的基準，因為不受煙霧影響，最適合安裝於廚房的位置；偵煙式火災警報器則以煙霧作為火災判斷基準，適合安裝在寢室、樓梯與走廊。

火災警報器裝設地點應距離牆面或樑六十公分以上之位置，並以裝置居室中心為原則。如裝置於牆面上時，應距天花板或樓板下方十五公分以上五十公分以下，同時避免設置於出風口附近。

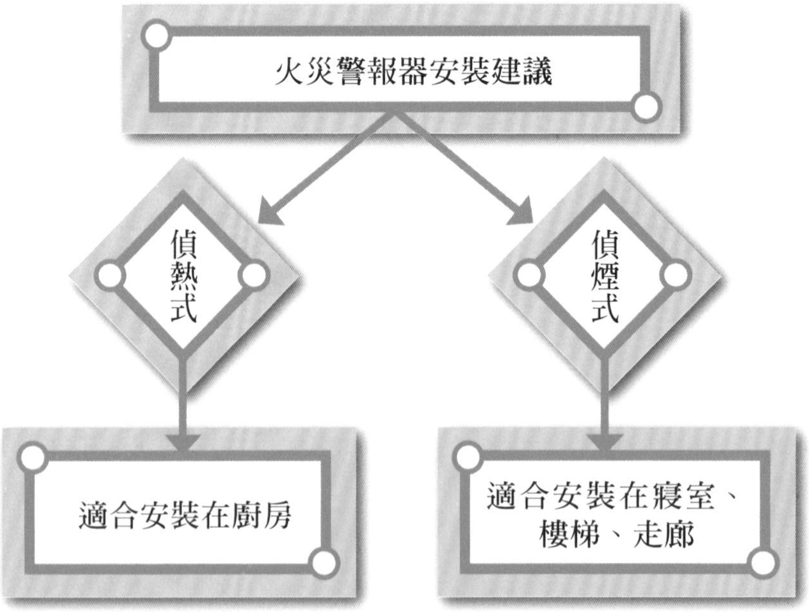

安養中心
六大重點

# 04

## 挑選一家「好」的安養中心六大重點

礙於時間跟金錢，如果無法使被照護的病患在宅安心養老，選擇適當的機構進行療養也是一種照護方式，要注意的是，安養護中心、老人長期照護中心及護理之家依據名稱的不同，機構本身也有不同的照護能力喔。

安養中心的老人大多屬獨居長者，無重大疾病、生活可以自理，安養中心提供居住環境、基本保健及休閒活動設施，類似於一般人認知的養老院，但卻無法在院內進行醫療行為；而老人長照中心及護理之家，則是以無法自理生活或是有慢性疾病、長期醫療需求的患者為對象，可以服務需要插管的患者，有二十四小時的專業護理人員值班。

在挑選上，除了需要切合自身失能長者的需求，大到安全設施、緊急情況處理、室內外的無障礙空間、小至醫護人員的專業度等，都需要見微知著的細心注意。

除了最基本的合法立案外，政府目前將安養中心區分為五個等級：優、甲、乙、丙、丁。實地探訪的同時，也可參考政府對機構進行的初步審評，雖然不見得完全符合機構實際狀況，但至少對於挑選機構的初心者來說，能成為更方便的具體準則，不至於像無頭蒼蠅一樣，茫然無所依循。

另外一個判斷重點，則是用肉眼看態度，不僅是醫護人員的態度，也要看「住民」本身的氣氛。有些養護機構可能因為人手不足，或是未聘用合格的專業人員，即使表面上笑容滿面，私底下也可能因為操勞而十分蠻橫。

要判斷一間機構的氣氛好不好，看看住進機構的住民是否笑容滿面，又或者工作人員一經過，長輩就表情驚恐，如果是的話，這間機構可能就不是那麼的適合入住。

如果一進機構大門，隨之飄散而來的是嚴重糞便味，或是刺鼻的消毒水氣味，照護的品質可能就需要大打折扣和問號了。即便它能維持「數據上」應有的照護品質，在實際的療護過程中，相信即便是意識不清的失能病患，也不想待在屎尿沖天的地方。

除了用鼻子聞一聞味道，使用耳朵聽一聽也很重要，仔細聆聽和觀察機構中的病人們都在聊些什麼，甚至可以親自跟狀況較好的病人聊聊，對於實際入住情形會更容易清楚了解。

如果病人本身無自主能力、意識又不清楚，在挑選機構時，就要特別注意，這類型的病患在求救時，機構工作人員是否能夠馬上放下手邊工作，注意到緊急狀況已發生。

另外，參觀時，隨機按按床邊呼叫鈴確認是否損壞外，電梯空間、衛浴空間對於行動不便的失能病人來說，大小是否合宜、是否過小擁擠，又或是過大導致跌倒時無處攙扶；有沒有扶手、防滑設備；室內、外是否為完整的無障礙空間，都相當重要。

其他重點還有，遇到突發事件時，消防設施有無損毀？滅火器是否過期？室外有無足夠的空間，供救護車或消防車通行？都是實際探訪養護機構時，必須一一仔細檢查的項目。

機構的安全性關注完之後，病人三餐的備膳狀況也需要特別留意，咀嚼障礙的患者、失智症患者……，病人的不同失能狀況，需要不同的配膳方式。參觀機構時，可以檢查一下廚房環境、或是挑選用餐時間去拜訪，確認機構內病患的用餐情形，同時也留意是否提供全部病患同樣食物。如果病人剛好罹患咀嚼障礙，食物要切、要剁或是要切丁煮軟，都是需要個別細心處理，才不會造成吸入性肺炎等問題。

不論是機構或是住宅，一個完善優良的無障礙空間，除了安全的基礎以外，在設計上，應盡量以「輔助」和「扶持」代替「照護」，協助病人於日常生活中，就能充分自立及獲得復健般的效果。

# 第7章

# 居家照護
# **慢慢「行」**

因為中風開刀後的李爺爺，本來身體孱弱無法移動，只能每日躺在床上，或靠人攙扶坐在輪椅上的，透過持續的復健，漸漸找回身體的肌耐力，可以緩慢站起、移動，也能自己在床上翻身或起身。

找回身體自主權的李爺爺，每日的興趣就是待在客廳與家人聊聊天、看看電視，有時也被家人哄著，倚靠助行器在社區中庭散步復健，漸漸找回了生活的步調。

# 01 臥：學會搬運，遠離運動傷害

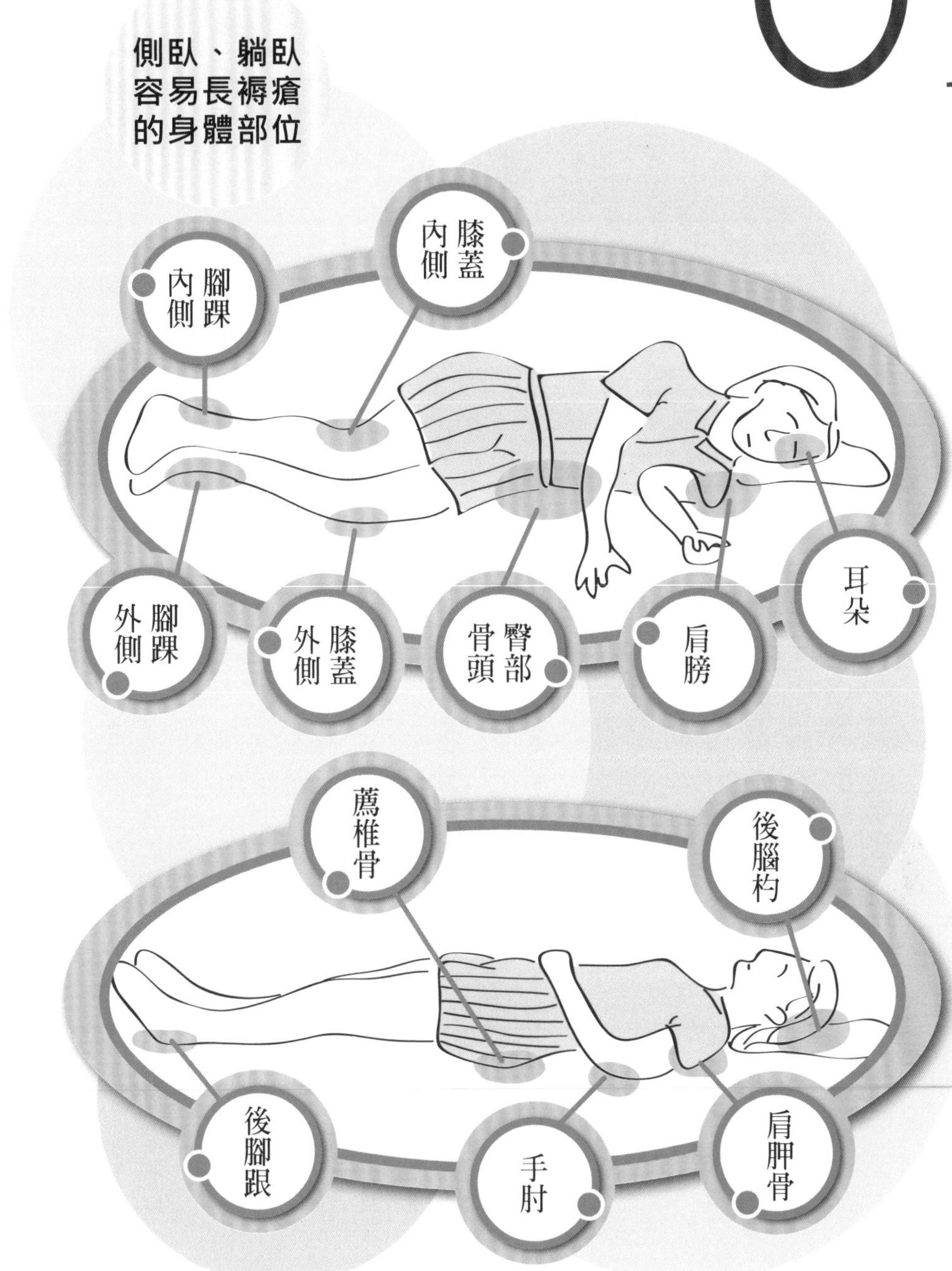

## 定時翻身，避免褥瘡危機

很多行動不便的臥床病人，一天包含翻身、吃飯、洗澡、上廁所，可能需要上下床十幾二十次，長時間的抱上抱下，如果徒手挪動，對於照料家屬自己本身，會產生極大的身體負擔和運動傷害，有些家屬甚至因此會有腰痛的困擾。現在靠電動床、移位墊等工具的輔助下，捨棄腰部施力，改為看準重心移動，可以比較輕鬆省力的幫助病人做出翻身、起身的動作。

為了避免臥病在床的病人身體長褥瘡，保持病人皮膚的完整，每兩個小時的定期翻身，對於很多家屬來說是最吃力的部分。此時，可以利用大量的枕頭墊在四肢下方，或是墊於背臀部，使身體呈現側斜姿勢，讓身體受力的面積擴大分散，減少皮膚與床鋪之間的接觸面積。

翻身時，也可以趁機**檢查皮膚的完整性，使用凡士林或乳液改善皮膚乾燥的問題，**同時，協助整理會與皮膚接觸的床單，讓床單維持平整、無皺褶的狀態，也能避免皮膚破損現象。如果臥床病人的褥瘡狀況實在太過嚴重，也可以透過氣墊床、脂肪墊、水球等工具，減輕皮膚的壓力。

家屬協助病人移動、翻身之後，平躺和側躺的姿勢都需要特別注意。平躺的姿勢，必須將病人的手使用肩胛骨墊到與軀幹同高，也可讓病人雙手握住毛巾，避免雙手往後縮的情況。另外，**在骨盆下方墊上毛巾或枕頭、用毛巾捲起U型固定頭部位置、讓腳掌利用毛巾或單捲維持九十度的狀態，都能避免平躺姿勢歪斜**，導致不正確的平躺擺位。

如果病人是側躺的姿勢，在單邊的患側，可以協助病人用行動不便的壞手握住毛巾，並在好手與身體中間多夾一個枕頭，都能避免雙手產生攣縮的現象。側躺時，記得讓兩腿微彎，中間同樣需夾上一個枕頭，才能避免膝蓋的摩擦；同時，病患側躺的背後也須多墊幾個枕頭，這樣能避免病人突如其來的身體傾倒，無法穩定臥姿。

## 正確搬運病人的方法

一、先將病人身體移至床緣，轉成側臥，雙腳挪至床緣外，家屬可以一手伸入病人頸肩對側，另一手扶住病人肩背部，協助病人網坐起於床緣坐起後，此時搬運家屬稍微彎下雙腿，靠腿部力量撐起病人，將病人輕輕抱起，慢慢往輪椅移動。（如圖一）

二、看準輪椅位置後，一樣倚靠腿部的力量慢慢彎下雙腿，使病人坐到輪椅上。（如圖二）

圖一

圖二

## 利用「重心」搬運，不用「勞力」搬運病人

搬運長時間臥床、全身癱瘓的病人有幾個基本原則須注意。首先，搬運時須評估病人的需求，以及自己的能力，再來，搬運時雙手盡量靠近身體、利用肌肉出力，同時必須保持搬運時的背部平直和平穩。

移位的過程中，家屬應盡可能的不要彎曲腰椎、避免腰部出力，雙腿可以微微彎曲，盡可能的**利用下肢的腿部力量，協助病人位移**。另外，動作不要倉促，盡可能的流暢、平緩，將病人身體重心靠近家屬，能夠節省家屬體力的消耗，和位移時的安全性。如果並非全身癱瘓，僅是身體孱弱的病人，此時可以讓病人適度的出些力氣協助移位，能夠同時達到訓練肌力的效果。

假如病人完全無法自己移動，家屬的人數和力氣都不足夠，可以透過一些適當的輔具協助，比如：**轉位墊或滾動式移位滑板**，來協助搬運，有些移位滑板在設計上，還有可以固定在輪椅上的凹槽，初期使用輔具時可能會感到有些不順手，但只要掌握正確的使用技巧，只要一個人也能完成翻身和搬運的動作。

## 放鬆肌肉、韌帶的「被動關節運動」

對於臥床或半身癱瘓的病人，不能僅止於將他們「放置」在床上。為了避免關節、肌肉僵硬，或是韌帶變緊、血液循環不夠流通的狀態發生，主動提供「被動關節運動」，在固定時間為病人進行按摩，提供感覺刺激，能夠協助他們手腳維持健康的肌力和柔軟度。

進行「被動關節運動」之前，先記得將病人身上容易束縛住關節的衣物、配件通通拿掉，一手穩住病人的近端關節、另一隻手撐住遠端關節，緩慢、規律的繞著圓圈旋轉，甚至可以進行大範圍的繞圈運動，每天持續對病人進行二到三次的關節運動，避免造成病人的疼痛；如果病人其中一隻手或腳能夠自主活動，也可以**訓練病人針對「健側」的手腳，自主進行關節運動**，如此一來，就能舒緩肌肉僵硬、血液循環不流通造成的不適。

有一些狀態下的病人，不適合做「被動關節運動」，比如肌肉、肌腱損傷，或剛手術完，仍有靜脈栓塞，或是骨折尚未癒合，仍有傷口的病人。在這樣的情況下，應該等到受傷處都完全修復好或癒合後，才能進行此運動。另外，進行時，每個關節最多進行十到二十下，可以做到最大關節的角度，但如果病人有不舒服或疼痛的情況發生時，應該馬上停止並休息，等到疼痛消失後再進行，才不會傷害到病人四肢，又加深病人做此運動時的抗拒心理。

# 02

## 坐：好好維持坐姿的重要性

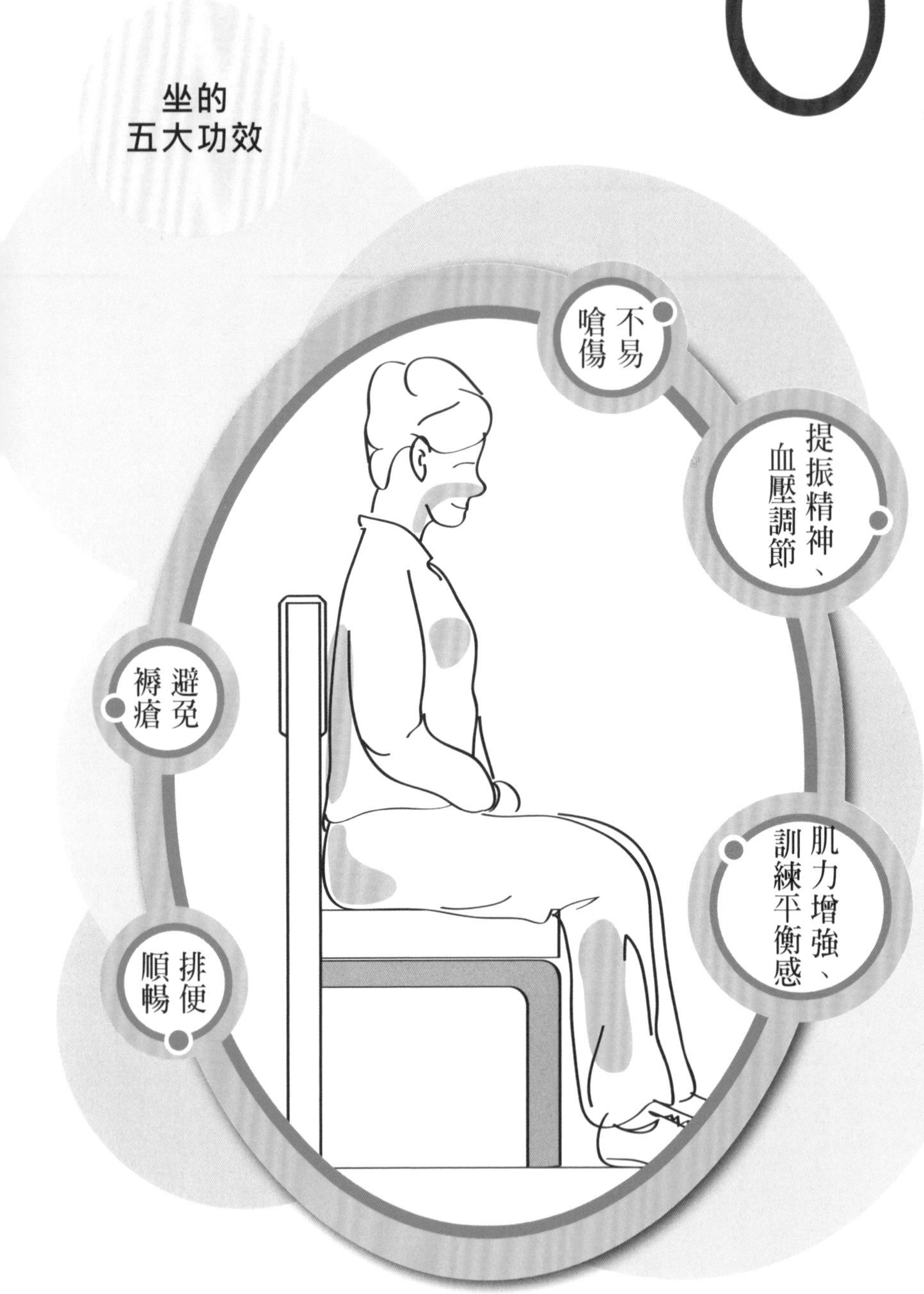

一、**不易嗆傷：**

躺著進食容易嗆傷，導致吸入性肺炎的問題，坐起身子進食，用餐會更為順利。

二、**避免褥瘡：**

久病臥床的人即便時常翻身，都很容易有褥瘡的形成，採用坐的姿勢可以預防褥瘡。

三、**排便順暢：**

每天固定坐上幾個小時，相比隨時躺臥在床，有助腸胃蠕動，幫助解決便秘。

四、**提振精神、血壓調節：**

坐起時，不僅能改善末梢神經的血液流動、增加肺部含氧量，與他人更容易進行交流的情況下，也能大幅提振身體和心靈的精神狀態。

五、**肌力增強、訓練平衡感：**

坐的姿勢相比臥床，可以促進肌肉收縮、增強身體肌力，更有助於維持身體的平衡感。

## 躺不如坐，先坐起來再說！

許多臥床的病人，除去植物人或全身癱瘓的病人完全無法坐起，其實有些是因剛出院，身體虛弱臥床，但長期下來，半數會變成「被迫」臥床不起。俗話說：「躺不如坐，坐不如站。」對於臥病不起的病人，也是適用的，積極引導或協助病人慢慢坐起，養成坐姿的習慣，才能再往更理想的行走目標前進。

藉由坐姿生活，不僅可以使病人和大家一起共同參與日常生活，同時也能夠和家屬們進行更為親密的對話和接觸，再進一步，因為有適度的使用肌力，病人的食慾也自然會跟著變好。因此，想要避免讓病人臥床不起，記得要先從好好「坐起」開始。

**久臥不起的病人如果突然坐起或站起，都可能會有暈眩的現象**，因此在下床之前，應該先透過電動或手拉床將床的角度拉高，讓病人能夠慢慢坐起搖高，每次抬高約十到十五度，直到病人完全適應半坐臥為止。期間也要同時**觀察病人是否有直力性低血**

壓、頭暈、臉色發白、血壓下降、脈搏加快的情形。如果病人因為服藥，有頭痛、頭暈的症狀，千萬不要強逼病人貿然坐起，應該盡量先以臥床休息為主。

## 從臥床到起身的訓練技巧

### ◇從床上自行坐起的技巧

一、往上彎曲其中一隻可以順利移動的「健側」腳，維持屈膝的狀態。扭轉身體往相反方向側臥，讓彎曲的腳倒向上方。（如圖三）

二、將雙手用身體撐起，慢慢抬起上身，等到上半身挺直後，將彎曲的雙腳緩慢伸直。（如圖四）

三、上半身需完全坐起，彎曲腳也伸直，才是起身完畢的狀態。（如圖五）

圖三

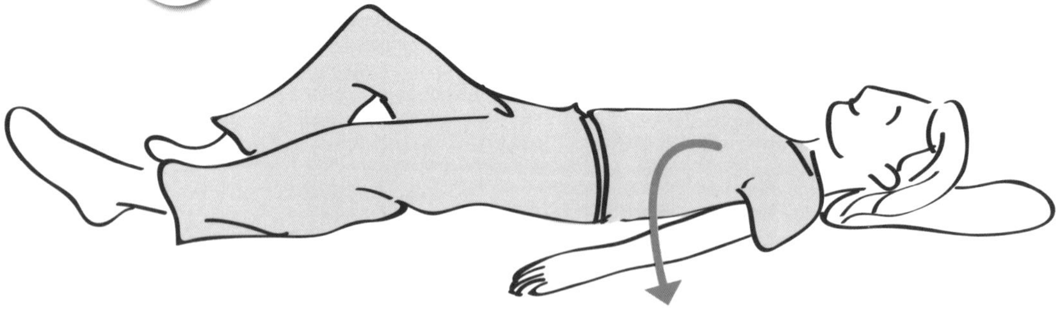

圖四

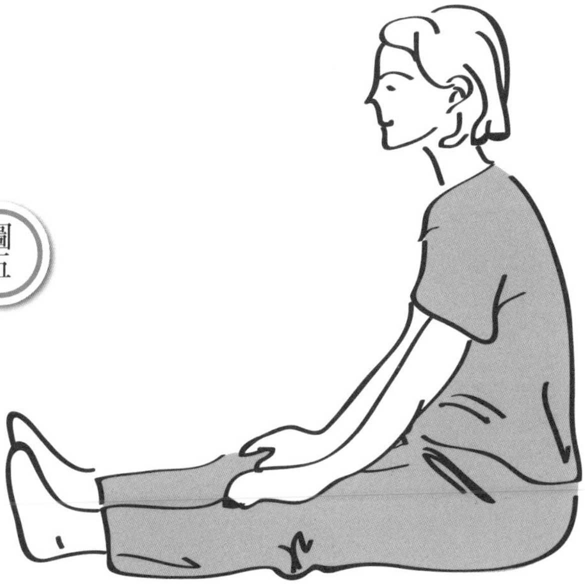

圖五

◇家屬協助長者從床上坐起的技巧

一、握住病人的其中一隻手，讓另一隻手張開至容易起身的角度，保持水平狀態，將握住的手沿著床沿移動，使病人的單肘能夠支撐起身。（如圖六）

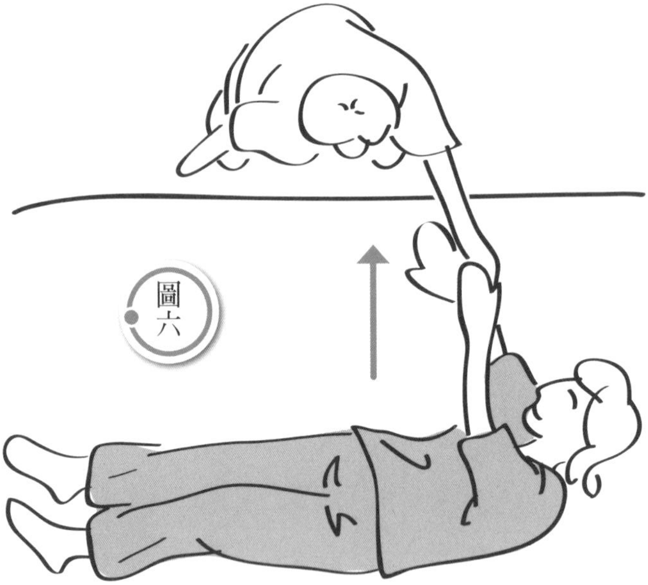
圖六

二、配合病人伸直手肘的時機和步調，將病人的手往腳底拉起，使上半身能撐起。最後，盡量將握住的手與腳底方向拉近，直到病人上半身能單獨坐穩，才算起身完成。（如圖七）

圖七
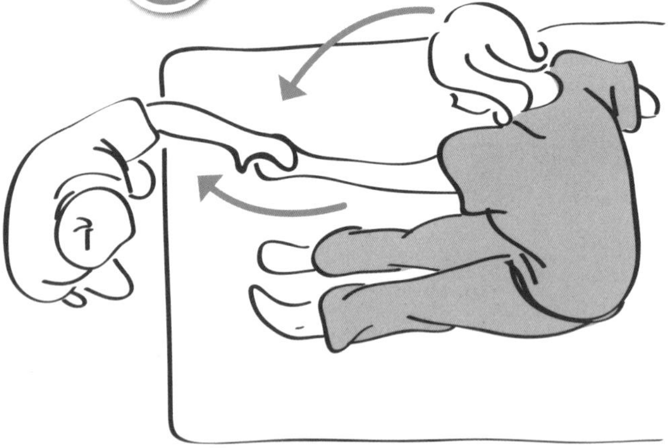

如果病人的體能逐漸往恢復期邁進，針對行動可以有一些自主能力，為了避免長期的臥床不起，可以**慢慢從習慣維持「坐的姿勢」開始，平日就訓練他自己翻身、起身，透過借力使力的槓桿原理**，幫助他們順利從床上翻身、甚至起身，學會之後，不僅能削減病人老化的速度，也能增加病人的成就感。

若是病人的恢復力較慢，或是身體機能已經衰退，此時照顧家屬可以適時的協助、引導病人起身，透過同樣反覆訓練和練習起身技巧，一方面能夠幫助病人坐起，提振精神和身體狀況，一方面也能慢慢讓病人感覺到施力的方向和力道，也許未來就有自動起身的可能性。

至於如何單純協助病人翻身、轉位，也需要了解病人的肌耐力跟關節活動度，注意轉位的空間和姿勢，盡量施力在病人關節上，而不是手臂或大腿等四肢的拉扯，同時得避免使用到手腕的力量造成拉傷。在翻身時，協助翻身的家屬應上身挺直、膝蓋微彎，保持半蹲的姿勢，站在要翻身的那一邊，將病人身體分段挪移至靠近自己的那側，先將病人另一側的小腿彎曲後，扶住病人的肩膀和臀部，往自己這側翻身。

如果選擇徒手的方式將病人轉移位，有時可能會造成病人的肢體壓傷，自己也會有多種運動傷害。因此**移動時，盡量透過「重心的轉移」**，尋找支撐的地方和移動的地方，採取借力使力的方式，才能減少移動病人的時候造成傷害。

## 引導病人自主出力：由臥到坐的肌力訓練

初期訓練病人從臥到坐時，可以進行一些簡單的肌力訓練，比如：**拱橋運動**。將雙手平放在床上穩定身體後，彎曲雙腿、踩住床面，將臀部緩慢的向上舉高離開床面，能舉得越高越好，協助病人盡可能的保持身體和雙腳的穩定不晃動，到達最高點時，數一、二、三、四、五後放下，可以依據病人當下的身體狀況，重複多做幾次，如果病人能每天做三次運動、每次二十下後，不會感覺到疲倦或喘不過氣，就可以朝向進階的抬腿伸展運動，靠枕頭或毛巾的力量，幫助病人抬腿伸展。

另一種能在床上做的簡單復健操是**軀幹旋轉運動**，同樣維持雙手平放在床上，穩定好身體後，將雙腿彎曲，讓病人簡單的左右旋轉髖關節，每個動作至少停留五至十秒，可以重複來回五至十次，再放鬆休息。

如果病人已經可以慢慢伸展肢體，靠著他人的力量或床鋪起身坐穩，進一步要做的肌力訓練，就是**學習好好坐穩**這件事。讓病人坐在床邊，膝蓋的高度大概即是床的同高，雙腳與肩同寬後，需要能踩穩地面支撐身體，接著眼睛直視前方，挺起坐穩，盡力維持這個姿勢五到十秒的時間，隨著越坐越穩，也可以慢慢增加坐著的時間。必須要注意的是，家屬在這個過程中，都需要在施力不穩的「患側」旁邊，協助避免病人跌倒。

等到病人已經可以完全穩定坐著後，可以嘗試讓病人慢慢朝著「患側」偏移，或是往前、往後、往左、往右的擺動，最後加入伸手的動作，一開始可以先將健側手伸直，拿出一個物體作為目標，讓病人慢慢練習往上或往下伸直，頭部在過程中應該盡量保持直立的狀態，家屬一樣應在旁守候並照顧病人，避免病人跌落。等到能夠控制姿勢後，可以訓練病人拿前方的水杯喝水等，增加日常生活的實用性和自主權，如此穩定了肌力後，就能盡快邁向站起的目標。

想要持續的引導病人進行肌力訓練、甚至讓病人自己翻身坐起，除了需要耐心勤做運動外，每次起身坐起時，也可以從旁邊引導，比如請他彎曲腳、手腳用力等，執行動作時，**重複的鼓勵語調是相當重要的，這往往是病人願不願意積極起來的關鍵**。

需要特別注意的是，肌力訓練的過程中千萬不可「閉氣」出力，尤其是已經中風過的病人，容易造成血壓突然升高，發生更嚴重的意外；如果病人當天的身體狀況不好，也不應勉強病人持續訓練，等到生命徵象都穩定時，再繼續訓練即可。另外，如果肌力訓練的過程中，病人出現胸悶、頭暈嘔吐、呼吸困難、意識不清、站不穩、冒冷汗或心悸的情況，應該立刻停止目前的訓練，並告訴居家護理師有這樣的情況發生。

居家小提醒

**善用輔具更方便**

依據照護家屬的需求，在面對病人挪動、翻身的時刻，此時如果能有適合的輔具幫忙，就能減少更多的人力與體力，提升照護品質之外，也能避免照護家屬因為搬運造成肌肉拉傷。

如果想要從床鋪起身，可以使用多功能移位腰帶，能作為移位和行走時，預防跌倒的支撐；而攜帶或固定式的床用扶手，也能幫助一些已經可以自主起身的病人，減輕起身時的力氣。

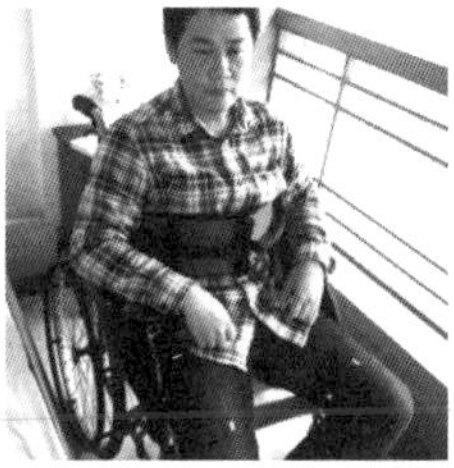

圖／樂齡網

居家小提醒

另外，現在也有所謂的移位坐墊，固定在椅子上即可輕易的三百六十度旋轉，適合腰背和腿部支撐力都較弱的病人，可以不費力的輕鬆轉身，洗澡或是起床移動；也有所謂的移動滑墊，可幫助家人輕鬆翻身、搬運，都相當方便。

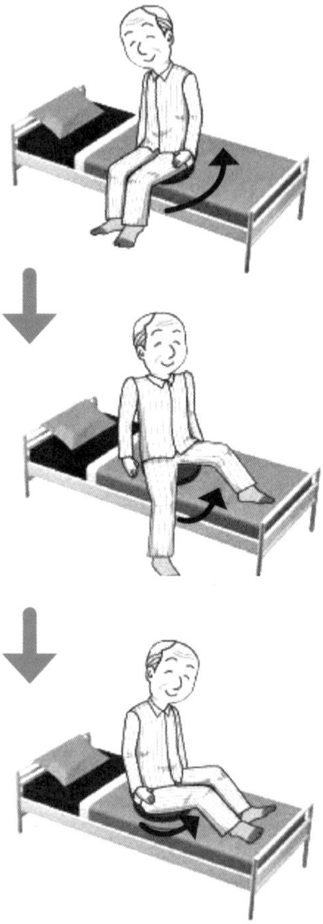

圖／樂齡網

## 輪椅的正確使用方式

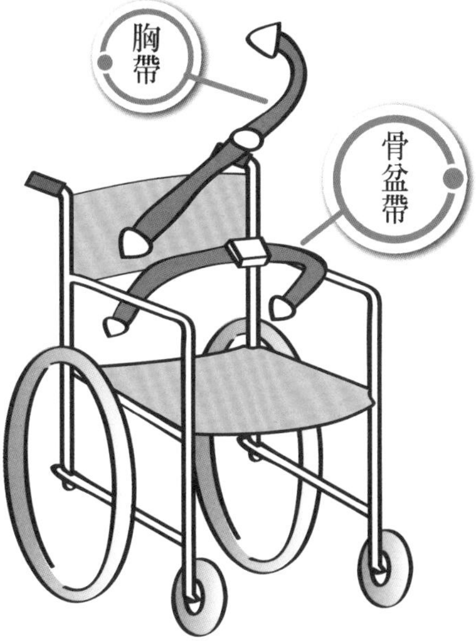


無法自由行動的病人，最常見的代步工具就是輪椅，然而輪椅的種類多樣，選擇不當也可能會導致照護產生諸多問題，依據病人的身體狀況、使用需求來綜合考量，同時尋求專業人員的評估，挑選時才能真正符合所需，成為最佳代步工具。

一般常見輪椅適合大部分行動不便的病人，如果沒有其他需求，採用一般的輪椅是最平價實惠的方式；如果脊髓損傷、四肢癱瘓，或是常常有低血壓困擾的病人，也可以訂製可斜躺的輪椅，比起一般輪椅來說，這種訂製的複雜款式更能依據病人的身高、體型量身訂做；另外，也有可以自動驅使的電動輪椅，適合有自主能力，但下肢癱瘓或體力稍顯不足的病人，使用電動輪椅要注意時常幫病人充電，避免外出時臨時找不到充電的地方，反而造成病人困擾。

使用上，為了避免摔落的危險，很多輪椅也附加安全帶的功能，是專門給身體衰弱，無法穩固坐穩的病人使用，但是你知道該怎麼使用安全帶才安全嗎？首先，輪椅一般可以區分為「骨盆帶」和「胸帶」兩個安全帶，如果需要使用，最好兩個都同時輔助使用，**單一使用「骨盆帶」或「胸帶」，都可能因為突發事件造成額外的傷害**。只使用輪椅上的「胸帶」，當肌力不夠的病患身體下滑時，「胸帶」可能會變成勒傷脖子的凶器；而單純使用「骨盆帶」，遇到輪椅突然卡住時，病患仍然會容易因為慣性而往前摔向地面。

因此，坐好坐穩，確實讓病患往後深坐，同時繫上「骨盆帶」和「胸帶」，預留二到三個指頭的寬度大小，避免過緊，才是申請完輔具之後，正確使用輔具的安全觀念。

## 輪椅的四大操作技巧

輪椅看起來好像沒有什麼大學問，只要有座椅、輪子，就可以四處推著走，然而實際運用在外出上，在操作上其實是有一些小撇步，除了繫上安全帶以外，有一些簡易輪椅使用方法，能夠讓照顧家屬不論在平地、上下斜坡、上樓梯、下樓梯都更加輕鬆自在，也能避免因為障礙物，導致病人摔落受傷。

### 一、由輪椅移入汽車的方式

可以勉強移動、不需家屬搬運的病人，外開式的車門可以作為替代扶手，讓病人扶著車門站穩緩慢移動，移動過程中，臀部先朝向座椅前方坐下並坐穩，再來將頭伸入車門，此時需小心車頂的高度，最後再由家屬協助其將雙腳移入車內。等到確認病人都以坐好坐穩後，協助病人靠上安全帶，就可關上車門收起輪椅。

### 二、在戶外平地推行時

輪椅使用在平地時，保持平穩的速度是基礎，嚴禁緊急煞車或速度過快，如果有人孔蓋，可以斜線移動，避免車輪跌進間隙中，減少病人的震盪傷害。如果病人自己行動時需要將輪椅暫停，記得兩邊都要使用煞車，才能避免病人因煞車失靈造成危險。

### 三、上下斜坡、台階的推行

上、下斜坡要先通知病人預作準備，推輪椅的家屬可以緊握雙邊扶手，減少病人坐輪椅時的震盪；而下斜坡時，應該以倒退的方式前進，才能避免輪椅意外翻覆。而如果是遇到有高低落差的階梯、有間隙、門檻的出入口時，可以透過單腳踏住翹桿，保持輪子抬高姿勢，家屬手握握把的向前推進，如此將使輪子輕鬆跨上台階。下台階時，也應該轉向將輪椅後方先放下至下層台階，腳踩住輪椅的下方翹槓，手握握把往面前拉進，最後再將輪椅前方從上層台階放到下層台階。上下坡或台階時都應該要注意安全，如果坡度較大、病人較重，都應該請人協助後，再合力推動輪椅。

## 四、離開輪椅時應注意：

確認輪椅的手煞車已經拉上，尚未煞車前，注意不要讓病人任意移動。另外，輪椅的腳踏板應收起呈現豎立狀態，同時，要記得鎖上輪椅的鎖掣，才能避免輪椅不受控的自行滑動。如果輪椅是放置在家中，要收好推到床、牆壁附近；如果是在戶外，也要記得收在不會讓病人不小心絆倒的角落。

### 居家小提醒

**上下樓梯不再是夢，爬梯機租借服務**

爬梯機是一種價格高昂的醫療器材，目前政府對於爬梯機的補助只限重度身障、植物人和低收入戶，每戶可以補助四萬到八萬不等，然而，即使得到最高額的補助，爬梯機自費金額仍然相當可觀，因此家屬多半是以租借的方式使用。

善用爬梯機，不僅能在沒有電梯的居家環境內，大幅減少照顧家屬的心力外，外出如果遇到樓梯較多、又沒有無障礙空間的地點時，也是相當便利的行動工具。

# 03

## 行：努力復健，行走不是夢！

基本三大
移行輔具

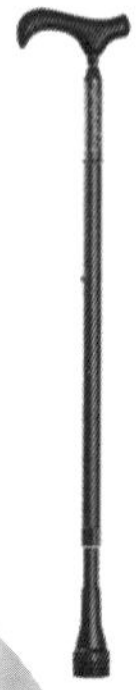

圖八

圖／樂齡網

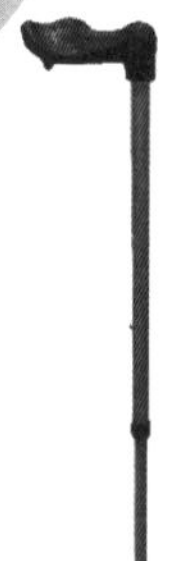

圖九

圖／樂齡網

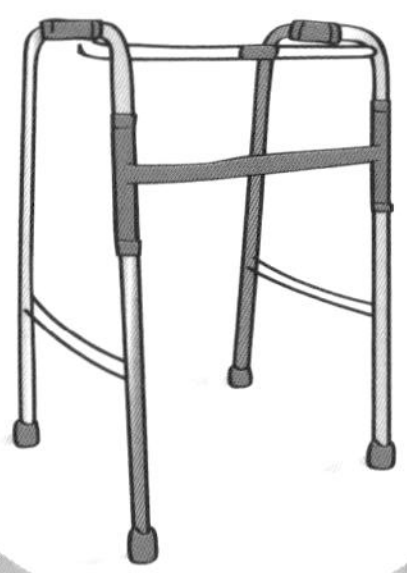

圖十

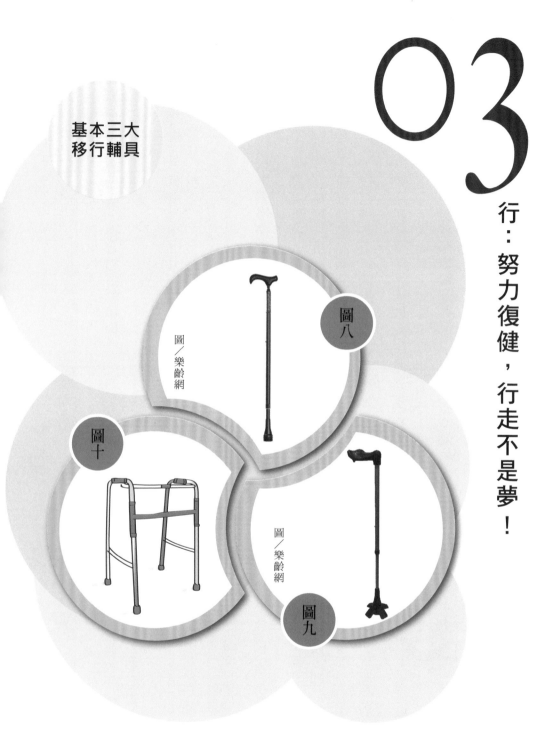

| | 使用時機 | 功能 | 用法 |
|---|---|---|---|
| **單拐杖**（圖八） | 最簡易的移行輔具，適合平衡度跟肌耐力比較穩定的病人 | 拐杖能適度的分攤病人下肢的承重力，協助行走時提升穩定度，加強病人的支撐力道。 | 站立時，讓手臂和肩膀下然下垂，順勢放於手杖上面。 |
| **多腳拐杖**（圖九） | 肌耐力不足的病人，使用手杖也容易不穩時，可以選擇使用穩定度較高的多腳柺杖。 | 比起一般的單拐杖，可以更穩定的幫助肌力不足的病人行走。 | 與單拐杖類似，但是在拐杖的底部有多腳的設計，依據穩定度的不同，區分為兩腳、三腳、四腳的款式。 |
| **助行器**（圖十） | 支持力與穩定度最佳的移行輔具。 | 能夠提供病人最大的穩定度和支持性，一般普遍用在半邊癱瘓、需要支撐的中風病人較多。 | 助行器的好處是能夠支撐協調力、平衡感和行動力都較為不足的病人，然而由於面積較大，在移動上相對來說較不容易，僅能緩慢前進。 |

## 肌力訓練

正所謂，躺不如坐，坐不如站，想要避免家中行動不便的長照病人長期臥床或坐著不動，可以透過引導的方式，鼓勵病人少躺、少坐、多行動。

**藉由簡單的走路和肌力訓練，能夠使病人從頭到腳都能產生活動，提升病人的記憶力、說話能力和認知能力，減少罹患失智症的機會。**

怎麼讓病人從坐姿進步到站姿？首先，當半邊偏癱或身體衰弱的病人能夠保持穩定的坐姿平衡時，就表示髖關節已經有一定控制能力了，只要持續的訓練，站起將不再是難以達成的夢想。

在訓練站起前，可以先進行站起的準備訓練，將偏癱的那隻腳，從地面反覆微微舉起、放下，讓後腳跟與地面接觸，但是不讓腳趾接觸到地面。如果一開始無法自行舉起，可以請照顧家屬用一隻手托住單腳，協助進行舉起、放下的運動。

當病人訓練到可以準確提起腳並放下時，就能進一步的訓練病人朝向站起和扶持站立等動作開始邁進。站起的方式，先讓病人坐在床緣約大腿一半的位置，協助病人將腳掌擺向膝蓋正前方，由照顧家屬協助病人的身體往前微微彎曲、重心前移，照護者可以一隻手扶起病人的臀部，一隻手握住病人的肩膀，協助病人將腿伸直，完成站立的動作。

協助病人站起時，要記得避免從腋下攙扶，如果病人有快跌倒的傾向，也不要拉扯手臂，才不會造成關節脫臼的傷害。

接下來，透過維持站立的方式，訓練行動不便的病人能夠達到站立時的穩定。維持站立，對於一般中風病患來說，其實並不太難，只要特別注意偏癱的腿部有沒有傾倒的狀況即可。如果在操作上，實在有許多困難，建議還是轉而尋求物理治療師的協助，比較洽當。

### 居家小提醒

**照護現場知多少？**

八十九歲的卓老爺爺，因為左半邊無法完全活動，連坐跟站都有問題。在醫院復健的時候，爺爺總是喊累，想要放棄，也害怕復健師的催促，因此家人們決定帶爺爺回家自己復健。一開始，透過床邊「罰坐」的方式，家人們在後方撐著他，避免他不穩跌倒；站立的時候，是藉由站桌輔助，利用長條形的包巾將爺爺固定在站桌前面，練習站立。為了遵照醫生的建議，必須持續半小時才有效果，因此家人們就陪在爺爺身旁，陪他唱歌、看影片，哄著爺爺多站幾分鐘，情況良好的時候，爺爺一天可以站到兩到三次。

## 移位技巧：自行從椅子上起身

若是病人復健的狀況良好，腳力和體力已經明顯有了恢復的趨勢，可以輔以穩定的輔助裝置，比如扶手等，嘗試讓他慢慢從椅子上自行站立看看。

記得盡量別讓病人倚靠有可能位移或翻覆的椅子、桌子或門把等家具站立。

一、讓病人的雙手扶住穩固的扶手，雙腳腳尖往正前方擺放並往後縮。（如圖十一）

圖十一

二、輕輕按壓扶手，倚靠扶手提起身體，盡量讓膝蓋伸直站起身，維持穩定的姿勢後，再放開扶手。（如圖十二）

圖十二

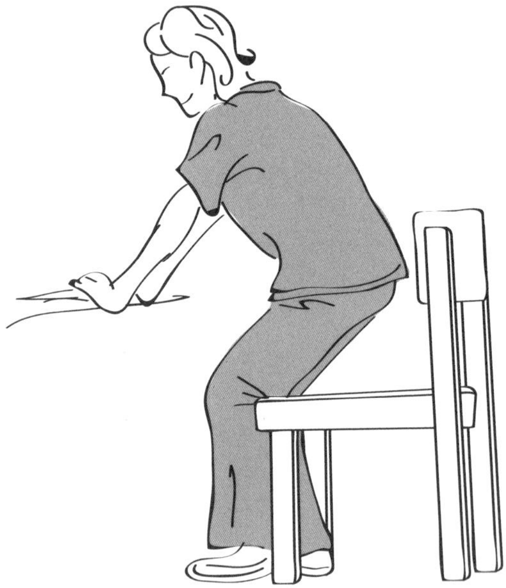

一、握住病人雙手，請病人雙腳朝向正前方，並微微往後縮。以雙手配合病人的動作，引導病人身體前傾、臀部抬起並慢慢往上起身，可適時的使用雙手托住病人的臀部。（如圖十三）

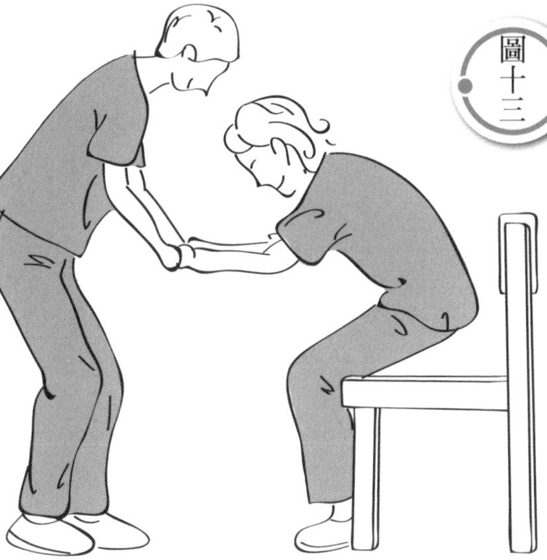

圖十三

二、觀察病人的情況，確認病人是否站穩，再慢慢放開雙手，讓病人維持站立姿態。（如圖十四）

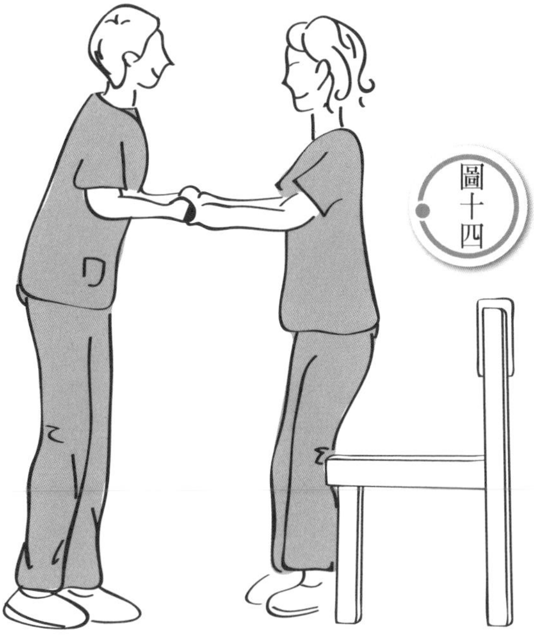

圖十四

行動不便的病人要站起時，必須要注意，是否會因為轉換姿勢造成跌倒的情況，家屬在此時，記得幫病人準備大小適中的鞋子，鞋底最好有止滑功能，並且注意褲管也不可過長，避免病人踩到褲腳而摔倒。除了使用移行輔具來協助行動外，最好也要有家屬陪伴的身旁，如果是中風病患，站在偏癱或肌力較弱的那側，才能隨時在病人無力時給予協助。下床時，可以先將雙腳垂在床緣坐好，確認不會頭暈時再站立行走，以免姿勢的突然改變，可能使病人產生低血壓的不適。

### 居家小提醒

**照護現場知多少？**

張小姐為了照顧自己出車禍而行動不便的媽媽，特別買了一個站立式的輪椅工具，給媽媽居家復健時使用，將媽媽抱上去後，她可以調整輪椅角度、使用束緊帶扣住膝蓋和身體，讓媽媽整個人站起來，並協助媽媽站立時更穩定。除了訓練站立外，家中也有一台被動式的腳踏車，通常張小姐都讓媽媽晚餐前騎個一千下，把壞肢用綁帶纏住固定後，利用好的手腳去帶動她進行活動，每次媽媽快做完時，張小姐就會在旁邊激勵媽媽說：「太棒了，妳快畢業囉！」

# 04

# 遊：快快樂樂出門，平平安安回家

## 安全外出的相關準備

- 兩名以上家人陪同外出
- 出發前進行身體檢查
- 備妥日常藥品及緊急藥品
- 備妥相關證件
- 毛毯、外套等保暖用品

當病人從復健中慢慢恢復身體機能，可以執行簡單的移位、起身、站立之後，只要備妥輪椅、拐杖等合適的輔具，生活範圍就可以不用再侷限在居家環境，除了回診，適當的外出散步或短程旅遊，也能讓病人的身心達到放鬆效果。不過，由於病人的體能狀況仍然比較虛弱，外出散步或旅行的地點，還是應該選擇距離不要太過遙遠的地方，並事先評估當地有沒有無障礙設施和空間，做好規劃，才能大大減少外出的限制。

外出的時候，盡量安排兩名以上的親友陪同，如果病人是能行走的，盡量站在病人的「患側」，避免病人不慎跌倒。而帶失智症病人外出或踏青時，如果有需要在外面上廁所，至少需要留一名家屬陪伴失智病人，千萬不能讓他單獨一個人等候。

帶著身體孱弱的病人出門，不管是回診或出遊；散步或遠行，都需要準備充足、備妥需要的物品，出發前先對病人的身心狀態進行評估，同時量測血壓、膽固醇等數值並記錄下來。如果病人平常有固定需要服用的藥物，比如：抗血壓藥、心臟病和糖尿病等醫生指示藥，一定要記得攜帶並依照時間用藥。另外，針對一些暈車、感冒等救急的成人藥品，也可以多攜帶一些，以備不時之需。

衣物或毛毯對於體質較虛弱的長照病人相當重要，出門時，隨時注意天氣狀況跟溫差，有時即使外面炎熱，到了室內冷氣卻開得很強，此時使用毛毯和外套蓋住病人，才能避免抵抗力低的病人出門一趟，就有感冒或發燒的症狀。同時，也可以多預留一套換洗衣物，如果病人不幸弄髒衣物，就能馬上進行更換。

日用品的準備上，毛巾、衛生紙、濕紙巾、尿布等日常生活用品的不能少，有些照顧家屬還會自備隨行餐具跟餐點，避免比較敏感的病人，吃到不乾淨的食物。即使是出遠門，無法自行攜帶餐點的家屬，也要特別留意外出時的飲食衛生和乾淨，避免病人引用到生食、生水，甚至不新鮮的食材。

居家小提醒

## 照護現場知多少？

下肢癱瘓的七十歲郭阿嬤，家人推輪椅帶她外出時，會特別挑選不太冷也不太熱的天氣，太陽太大就準備帽子給她遮陽。以前外出，總是會幫阿嬤多帶一件薄的棉被，出去一定長褲長袖，避免走進冷氣房太冷，或室內外溫差太大導致受寒，最近添購了現在很紅的「懶人毯」，攜帶上方變了許多，只要將阿嬤整個包覆住，就能不讓她吹到風受寒。

阿嬤的輪椅可以平躺一百八十度，如果累了，只要幫她調整好輪椅，就能直接讓她休息。帶阿嬤出去就像帶一個大嬰兒，要準備一大帶東西，包括棉被、衣物、毛巾，但是每次帶阿嬤出去過後，她當天的心情就會比較平靜、安穩。

圖／樂齡網

如果病人能行走，不論是短程或長程，都應該要盡量放慢腳步，並體諒病人的身體狀況，在沿途都可多停留、都休息。

行走時，注意病人眼睛是否都有好好直視前方，不要盯著雙腳行走；使用助行器時，四腳的腳管是否都是垂直著地，這些都是是否會發生跌倒的原因之一。如果**預計走遠路，也可以幫病人在睡前準備一盆溫熱的泡腳水泡腳**，避免腳腿浮腫。

有一些國內的旅遊景點，如果攜帶老人證或殘障證明，能夠享受到不小的優惠，因此，除了身分證和護照等隨身證件外，這些證件也記得在出遊前提前備妥了。

另外，如果與失智症病人出遊，記得先拍下當日穿著的衣服，並在病人衣服、背包、手環上放置聯絡用資料，以利走失協尋時使用。

### 居家小提醒

除了輔具和房屋修繕的申請補助外，透過身心障礙手冊也可以申請殘障車輛證明，只要申請通過，殘障車輛就能外出、進出醫院都免費停車，當需要載行動不便的病人出門看診時，能使家屬節省一筆不小的停車花費。

## 預防失智症病人走失的衣物小工具

### 一、愛心QR Code手環

在手環上印上防水的QR Code行動條碼，提供給失智病人配戴，若是民眾在路口遇見行蹤飄忽、神情慌張的病人長輩，就能藉由手鍊上的資訊，聯繫「失蹤老人協尋中心」，進一步提供協助。

目前各縣市政府社會局提供的愛心手環，都備有行動條碼和序號，熱心的路人只需要拿著手環透過手機掃描後，就能得到家屬的聯絡資料，第一時間通知家屬前來找

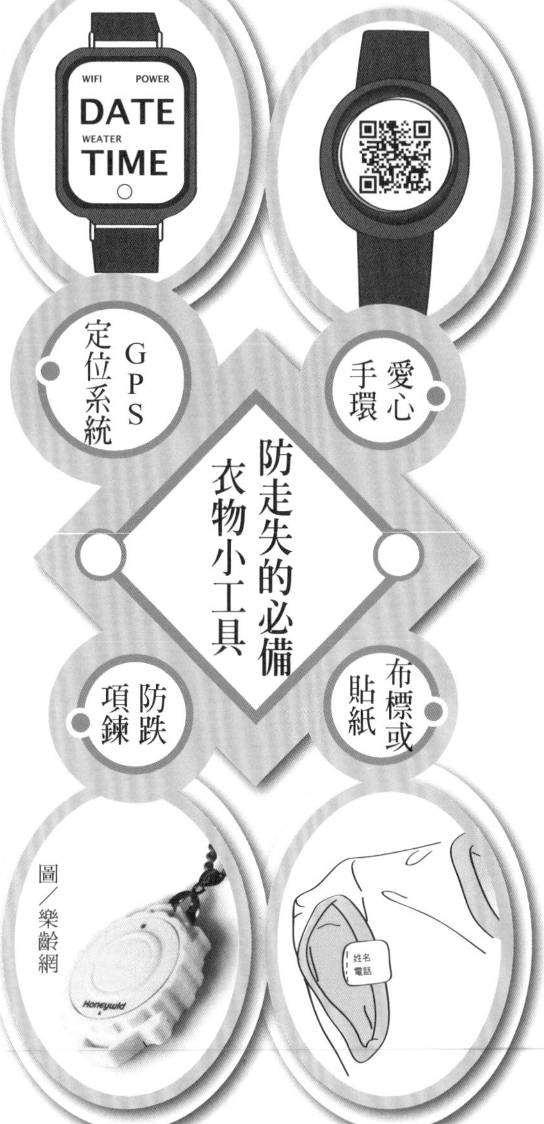

圖／樂齡網

尋迷路長輩。

## 二、布標或貼紙

在病人時常使用的衣物縫製防水布標，加註緊急連繫資訊，或是在隨身小物，如水壺、拐杖、手機、提包等器物上頭，貼上資訊貼紙，都有助於失智病人在走失時，被路過的民眾發現，趕緊連絡家屬。

值得注意的是，布標和貼紙相對於能配戴在手腳上的配件，還是會有遺失或是丟棄的風險，因此，幫失智病人增添聯絡資訊時，布標跟貼紙都只能當作輔助，還是必須盡量在身上，加裝手環或手錶，雙重防護才能增加找到的機會。

## 三、GPS定位系統

一提到GPS定位系統，許多人想到第一個的是，針對病人製作的GPS定位手錶、手環或項鍊，這種工具類似行動條碼愛心手環的進階版，能夠迅速定位失智症病人走失的方向及位置，對於找尋長輩能收很大的功效。

除了防走失之外，即時定位系統也可以提供相當多元的照顧模式，透過GPS的感測器元件，對於日常居家活動或病人的行為模式進行持續監測，一旦察覺行為模式出現異常，就能提早發現徵兆。

## 四、防跌項鍊

防跌項鍊或防跌手環，就是透過這種行為偵測，進行跌倒判斷，一旦發生跌倒的危機，直接連結電話救援或是發出嗶嗶的警示音，提醒周遭的人關注。

使用這類型的手鍊或手環，應盡量使病人習慣長時間配戴，大部分的工具都配有防水功能，洗澡也無須脫戴；同時也要記得隨時充飽電，才不會發生病人有需要時，手錶或手環卻剛好沒電的情況。

復健用輔具

# 05

# 學：善用輔具，讓失能者有機會重新走路！

◎本節圖文選自《走對路少生病》一書

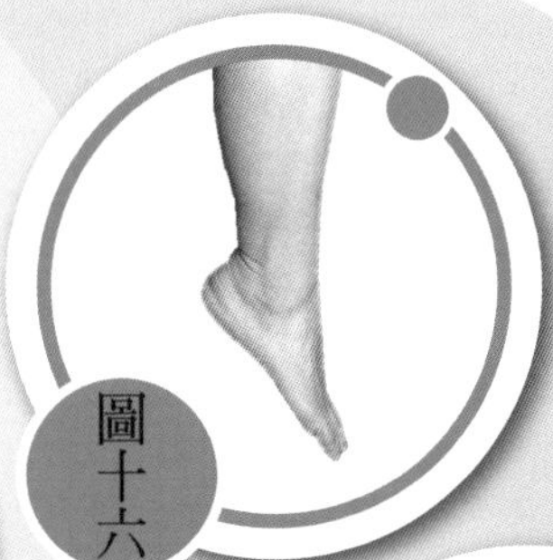

圖十六

圖十五

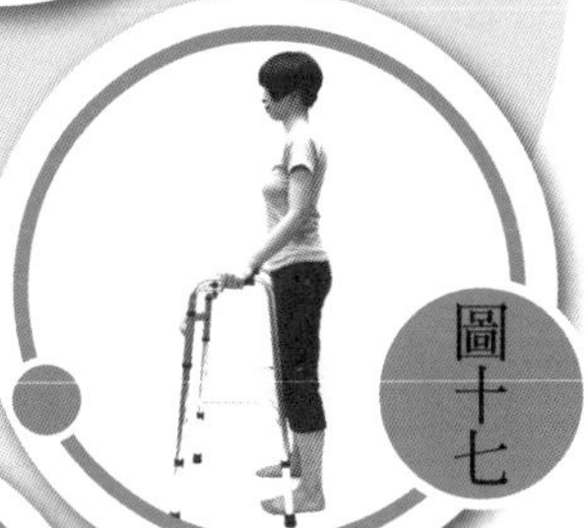

圖十七

圖十九

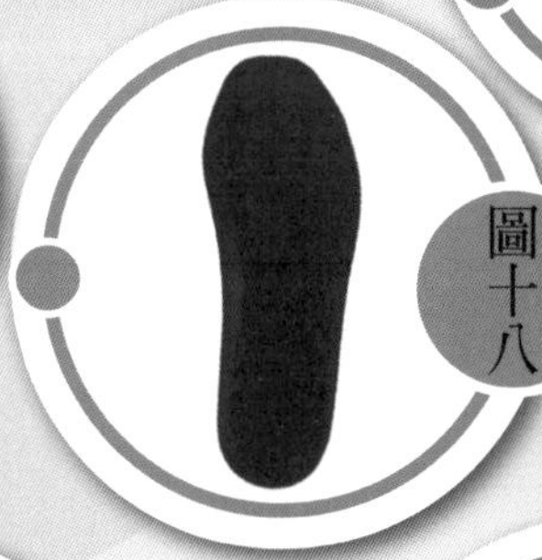

圖十八

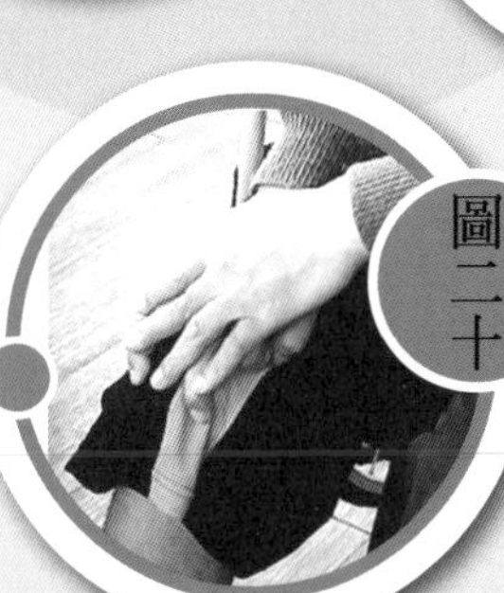

圖二十

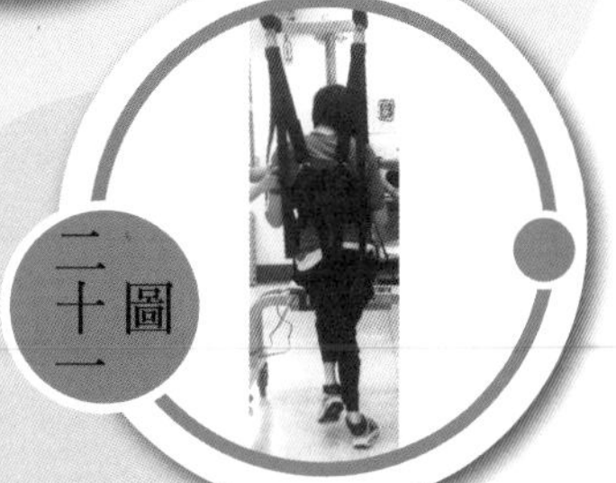

圖二十一

一個人如果不能夠自己走路，會影響到身邊的二十個人，包括家人、親友、照顧者、社福人員等，其所影響的層面遠超出大家的想像。特別是那些高齡的個案，幾乎都是由子女陪伴而來。而且有多人表示，因為擔心父母在家裡走路跌倒，不得不將工作暫停，全職陪伴照料生活起居；或是必須從事時間較自由的工作，方便接送父母就醫。此時，若能透過足部輔具進行做步態訓練，就有機會慢慢克服走路的障礙。

居家小提醒

**哪些疾病會導致走路不穩**

◇**小腦萎縮**：由於小腦的神經細胞被破壞或萎縮而發生症狀。身體的肌肉會不隨意地收縮，造成肌肉變形，關節出現僵硬現象。腦部無法準確協調肌肉運動，導致身體動作逐漸失控而難以運動。走路步伐不協調，站立時不能維持姿勢，走路動作搖搖晃晃。

◇**腦性麻痺**：一種大腦在發育未成熟前產生腦部病變，造成控制動作的腦細胞受到傷害，而引起肢體運動功能多重性的障礙。易引起關節攣縮、肢體變形，走路及穩定性差。

◇**帕金森氏症**：一種中樞神經系統慢性的退化性失調，主因為腦中控制運動的細胞遭到破壞，而產生各種動作的障礙。身體無法伸直、肢體動作僵硬遲緩、靜止時顫抖、走路姿勢與步態不穩定。

◇**阿茲海默症**：腦部神經細胞受到破壞的退化性疾病。早期病徵最明顯的為記憶力衰退，對時間、地點和人物的辨認出現問題，中期會出現遊走或走失的問題，晚期會出現行走困難。

◇年紀大於六十五歲的老年人及小於六歲的孩童；其中高齡年女性跌倒比例高於男性。

◇貧血、營養不良、虛弱、頭暈。

◇過去曾跌倒者。

◇服用會影響意識或活動能力的藥物，例如精神類與心血管藥物。

## 輔具一：拉力圈

### 讓中風媽媽可起身走動

有一位中風六年的李女士，由女兒攙扶著前來求助。她走路時重心前傾、步伐沈重，每走一步，偏癱的左腳就向外扭一下，人還沒到就聽到急促的四腳拐的磨擦聲。在服務的過程中，女兒非常用心，寸步不離地守護著母親。卻也不免訴苦：「因擔心中風的媽媽一個人在家可能會跌倒，而不敢找工作。」由於受中風的影響，左腳的下肢肌肉緊繃，首要動作是舒緩她的左腳肌肉。因而試著先讓她坐著，用拉力圈將拉筋器固定在不能伸直的右腳（圖十五），先坐著並用雙手的力量伸展小腿，接著讓她扶著走步機，上半身變挺直站著拉筋，並讓她重心回到腳跟，使垂足（圖十六）的右腳可以較平的踩在地面上。

透過一對一的指導練習，在服務結束前問李女士有沒有幫助？她笑著說：「當然有，走路變穩了。」她也發現：「走路時四腳拐接地的聲音變得清脆且節奏變和緩。」，她笑著說：「自己自由了！」要帶著信心開心回去做自療運動；女兒也笑著說：「媽媽自由了，我也自由了！我可以開始準備回去工作了！」

## 輔具二：助行器

### 從輪椅站起來的奇蹟！

你能相信自己從輪椅站起來嗎？其實，只要配合助行器（圖十七）、步態訓練與肌力訓練等，就能逐步改善。先由坐到站，等到站穩了，就可以練習用助行器走路。再進步為拿二隻健走杖走路，最後拿一隻拐杖走路，透過生活中不斷地練習，逐漸進步並找回自己走路的信心。

## 輔具三：楔型墊

### 改善中風後站不穩問題

曾先生，七十多歲，身材高大，因中風而在做居家復健，必須配合助行器做走路訓練。由於他習慣穿寬鬆大些的拖鞋走路，加上他因為怕跌倒，常用頭看地下的步態走路。結果因為身體前傾，造成走路一直呈現快要跌倒的姿勢。瘦小的看護為了不讓他跌倒，整個人就像拐杖一樣，勉強撐著高大的曾先生搖搖晃晃走路。

為了改善曾先生中風後，發生站不穩的問題，先針對他偏癱的腳，增加楔型墊做為支撐（圖十八），然後要求他走路時不可穿拖鞋，必須穿著包覆性高的涼鞋（圖十九）。最重要的是教會他：拿著助行器走路時，要將重心放在腳跟，不可以放在前腳掌；頭必須抬起來，不可以駝背，雙眼平視前方，不可以看地下。

經過幾次的練習後，曾先生做到了指示。他要求我們不要扶他，他想試著自己拿助行器走走看；沒想到奇蹟真的出現了，他有辦法自己走路了，同時他的臉上也露出得意的微笑。接著他越走越順，速度也逐漸加快，反而是看護因為擔心他跌倒，一直提醒他走慢一點、走慢一點。

## 輔具四：半圓拉筋器

### 找回麻痺肌肉的力量

五十多歲張先生，中風二年多，右側偏癱，住在養護之家持續做復健。他的右半側的手與腳皆偏癱使不上力，除了早上復健時拿四腳拐做復健與走路外，其他日常活動皆以輪椅為主。我請他用四腳拐走路給我看時，他必須很小心的低頭看地下、才敢吃力且不平穩的移動。

我建議他是否可以先將目標設定為「拿拐杖可以走路」。要達到此目標之前，必須先將緊繃的右腿肌肉放鬆，讓偏癱的右腳必須施一點力量，這樣才不會讓左腳因過度使用而受傷，變成連走路都有困難。

他同意我的建議後，由右腳的伸展開始做起；我請他採取坐姿，將半圓拉筋器套在右腳上（圖二十），並提醒他伸展過程一定要將腳跟放在地上。接著請他將偏癱的右手掌平攤在右腳的膝蓋上，再用健康的左手壓在右手上，然後配合上半身前傾的姿勢施壓右腳。目的在於同時讓偏癱的右手與右腳小腿的肌肉可以同時被伸展。

練習伸展過程中，提醒他要溫柔、要慢，不要將肌肉弄痛，身體才不會反抗。同時每十五秒要停一下，讓肌肉休息一下再繼續伸展；如此重複伸展。同時逐步讓腳底踩拉筋器的角度增加，再慢慢增強伸展的力道。

他很訝異的說：「右腳真的有感覺，右腳真的有感覺了！」這時衛教他翹腳尖穿鞋的正確方法與重要性後，先讓他拿二隻高度及胸的一般拐杖練習走路，再慢慢進步到左手拿一隻拐杖走路，很高興聽到他說：「右腳變的比較有力量了」！其它輔具，尚有懸吊系統（圖二十一），使用輪椅的個案，採用懸吊系統輔助做步態訓練後，確實有了明顯的進步！

◎本節圖文經由「VERS足部健康學苑」授權，選錄自羅明哲老師著作《走對路少生病：關節、筋膜大小毛病無障礙》，實際訓練時，建議尋求專業人士指導協助。

第8章

# 居家照護「育」與「樂」的
# **精神生活**

隨著李爺爺慢慢藉由復健找回身體自主權，人也漸漸開朗了起來，家人為了讓爺爺能打發漫長的平日時光，特別幫李爺爺報名了醫院的歌唱班，白日裡也會請外傭推著他，參加老人共餐活動。

由於爺爺仍然不能長時間行走，家人盡量在假日湊出時間，推著爺爺的輪椅，帶著他往家附近的碼頭或公園吹吹風、看看風景。漸漸地，家人和爺爺彼此間，都習慣了這種新的生活模式。

01

# 居家失能病人的精神生活

### 充實病人的心靈生活

出門透透氣，規劃外出旅遊行程

芳香、藝術、懷舊等自然療法

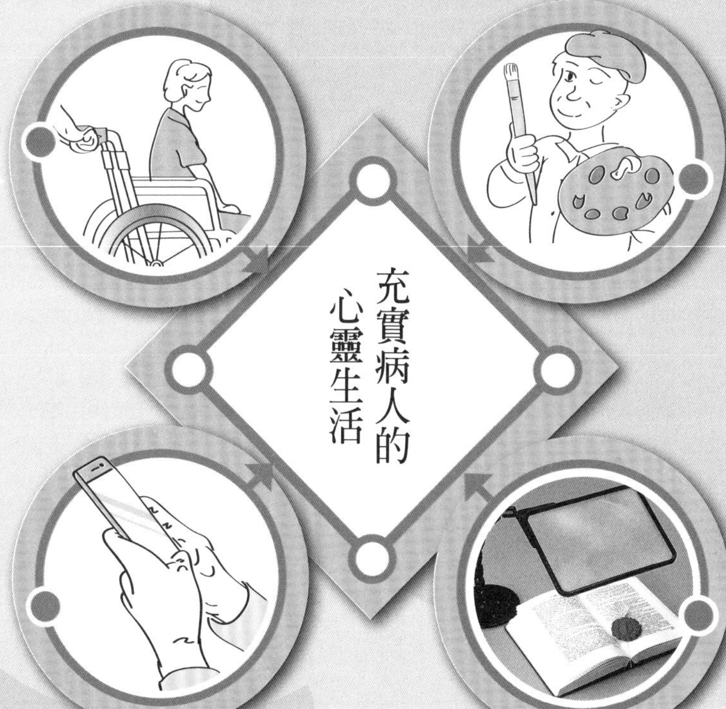


圖／樂齡網

增加社交連結：善用視訊、LINE 等網路工具

讀書、讀報，拾回閱讀的樂趣

「身心」健康的意思，無非是在身體獲得了良好的照顧後，還要兼顧心靈生活的健康。當身體逐漸邁入老化或衰退，以往風光的事業和生活，一時間都伴隨著身體同時出了毛病，再也不復以往，不僅自我肯定的方式越來越少，家庭角色也出現轉變。

**身體和社交功能的衰退，往往會引發病人心靈的不安全感，帶來嚴重的情緒問題，**有些病人以往是一肩扛起家庭的照顧者角色，等到生了病，卻變成需要被家庭照顧的角色；而一些比較年長的病人，甚至必須同時面對配偶、親友隨著時間一個個離去的死別狀態，正所謂「久病厭世」，該怎麼在解決病人生理問題的不適之後，還能關懷這樣的負面情緒，避免家庭間的情緒衝突，和長時間情緒低落的憂鬱症發生，是每個家庭都必須共同面對的課題。

嘗試打造失能病人的興趣和社交圈，增加病人日常生活的自主權，關注他們在被照顧過程中的尊嚴，能讓病人的生活更有目標。另外，接觸不同類型的人群和世代，交流的過程中，也能彼此激發更多的想像，讓病人的日常社交圈更為豐富。

除了居家照護的病人，有些長期入住於照護機構的病患，作息時間通常十分固定，除了用餐、梳洗、睡覺時間，大部分的日子裡都是孤獨和無聊的狀態。如果能參與機構所安排各種不同類型的活動，不管是趣味性的、治療性的活動，都能使病人的一整天生活過得更充實快樂。

## 兼顧心靈照顧的創新自然療法

在病人的活動選擇上，現今的居家照護，相比以前也更講究許多創新的自然醫學，比如：懷舊療法、芳香療法、藝術治療等心靈治療方式。

**所謂懷舊療法，指的是將老人有興趣的「引導物」**，比如觀賞懷舊電影、同年代的老歌、對於病人來說有特殊意義的懷舊物品，**藉由一名治療師的引導，刺激病人的過去回憶。**對於失智症病人來說，可以漸漸重拾淡忘的語言和記憶；對於生命即將走入盡頭的病人，則可以幫助回顧他的一生，協助重組他人生的方向。

另一種新興的心靈治療方式，則是使用香氣幫助緩解情緒及疾病的**「芳香療法」**，**藉由吸入芳香氣味的方式，讓嗅覺中的腦神經系統控制血壓、心跳、呼吸和心理壓力**等。芳香療法是一種輔助的療法，現在也常使用在醫院臨床和社區機構中，對於長照病人睡眠的生理品質和心靈放鬆都能有顯著的改善。芳香療法使用在失智病患上，也能喚醒某些味道的記憶。

除了懷舊療法和芳香療法，現在也有一種**藝術整合治療的自然療法**，病人透過藝術創作，**提升生理和心理的功能**，不僅能夠協助個體發展社交和人際互動，創作過程中的成品也能讓病人重新獲得生活成就感。藝術治療十分強調過程，對於很少能夠自己創作的病人來說，藝術治療是一個有趣、放鬆的時光；而對於失智症病人來說，即使在病程持續的狀態下，這依舊是可以享受的活動，即使到了病情末期，失智病人仍然能透過圖畫，產生快樂的反應。

藝術治療不僅僅只有創作而已，音樂治療也是藝術美療中的一部分，隨時在床邊、客廳等生活空間中，放上病人原本就喜歡聽的中文或英文老歌，有時甚至可以讓配偶或孫子女唱給他聽，這種最簡單的、訴諸於愛的心靈治療方式，就能對病人心情上的平復，有很大的效果。

居家小提醒

照護現場知多少？

高齡九十五歲的王阿嬤，因為一場跌倒意外，從此不能行走。他的丈夫比阿嬤小二歲，即使有家人陪在身邊，阿公還是不放心，每天細心照顧著阿嬤，阿嬤坐上輪椅之後就得了憂鬱症，不願意開口說話。

阿公為了讓阿嬤開口，每天都會抄下他們那個年代的老歌歌詞，例如：《雨夜花》、《心酸酸》、《滿山春色》，陪著阿嬤唱歌，雖然到了最後，總是只剩下阿公一個人在唱，但是阿公每次唱的時候，阿嬤都會不再哭泣，很認真聽阿公把整首歌唱完。

## 靜態的興趣培養：獨處閱讀的樂趣

如果病人有大腦功能逐漸退化、記憶力減退的現象，**偶爾讀書或讀報都能促進腦運動**，並進一步促進腦健康，有效預防痴呆症的發生。有些行動不便的病人可能無法在休閒娛樂上進行一些較為動態的活動，但即使是失能病人，也能透過坐著、躺著翻閱，或是由家屬讀報、讀小說給他聽，藉此獲得更多閱讀的樂趣。

不過，如果是病人自己讀報、讀書，考量到病人的精力和視力都有侷限，不宜長時間維持同一姿勢看書，建議選擇一些篇幅比較短的文章，或是報紙副刊的笑話類，都是相當不錯的養生保健活動。

對於視力已邁向退化的病人來說，閱讀時常需要一些輔助，可使用老花眼鏡與長型、中型的閱讀放大鏡交互使用，減少病人眼睛疲勞和視力的清晰。

## 動態的戶外興趣培養：全家外出旅遊的規劃

很多家屬帶著病人出門，光是搬運人力就要耗費極大的力氣，更別說找到一個可以好好推著輪椅前進的無障礙空間。因此，許多行動不便的病人被迫三百六十五天，除了外出看病，都只能待在家裡百無聊賴，出門走走，甚至更進一步的短程旅行，對於不便的病人來說都是遙不可及的夢想。

現在許多縣市政府、旅行社，都為此特別陸續開出了專為失能、失智長者規劃的「一日遊」行程（許多旅行社還有專屬輪椅族的出國規劃）。

縣市政府的一日遊行程，只要透過網路報名成功，就能使用無障礙巴士接送失能病人到旅遊景點，由專人協助上下車和旅行，不僅能讓使用輪椅和助行器的病人也有透氣出遊的機會；也能讓照顧的家人透過這一日的放鬆，得到適度的喘息空間。

如果是家庭旅遊，輪椅病人最重要的就是安全措施，不僅在地點上要考慮到是否方便輪椅進出，行程安排上也要考量到病人的體力，不能安排太緊湊的行程。

現在許多風景區的無障礙設施都越來越充足，不僅步道朝向無階梯化邁進，有些景點還設有輪椅輔具租借的服務；如果是出國旅遊，目前很流行的坐輪椅、搭遊輪旅遊，也是家庭出國自由行的好方法之一，由於遊輪上大多備有專屬的無障礙艙房，高低落差少、空間比起飛機更較大，都讓遊輪出國，成為行動不便病人的另一個貼心的替代選擇。

## 增加社交連結：善用視訊、LINE等網路工具

身體的生理性衰退，導致病人被迫長期不出門，沒親友可以聊天，都會讓罹患失智、憂鬱症的風險倍增。如果病人沒有跟家屬同住，或是白天家人工作繁忙，只有語言不通的外傭陪伴在旁，可以透過**教導病人使用LINE或臉書這些社交軟體，拓展病人的生活圈**，同時增加與年輕孫兒輩的互動。

現在觸控式手機的便利性，能讓行動不便的病人也可以透過語音打出字詞，網路傳送到社交軟體上，更有助於活化思考，避免思緒老化。學習新科技時，最重要的，就是**幫助病人找到學習誘因**，不管是掌握孫兒動態、或是方便親友互相聯繫，都能提供病人一個動機去學習。

不論是教育病人學習網路軟體，還是引導病人外出旅遊或嘗試新的治療活動，教導的家屬記得要時時提醒自己保持耐心，別忘記年長病人與自己時空背景的隔閡，才不會讓病人還沒學會，就因為害怕犯錯而拒絕嘗試各種新事物。

# 02

# 走入社區，尋找課程資源

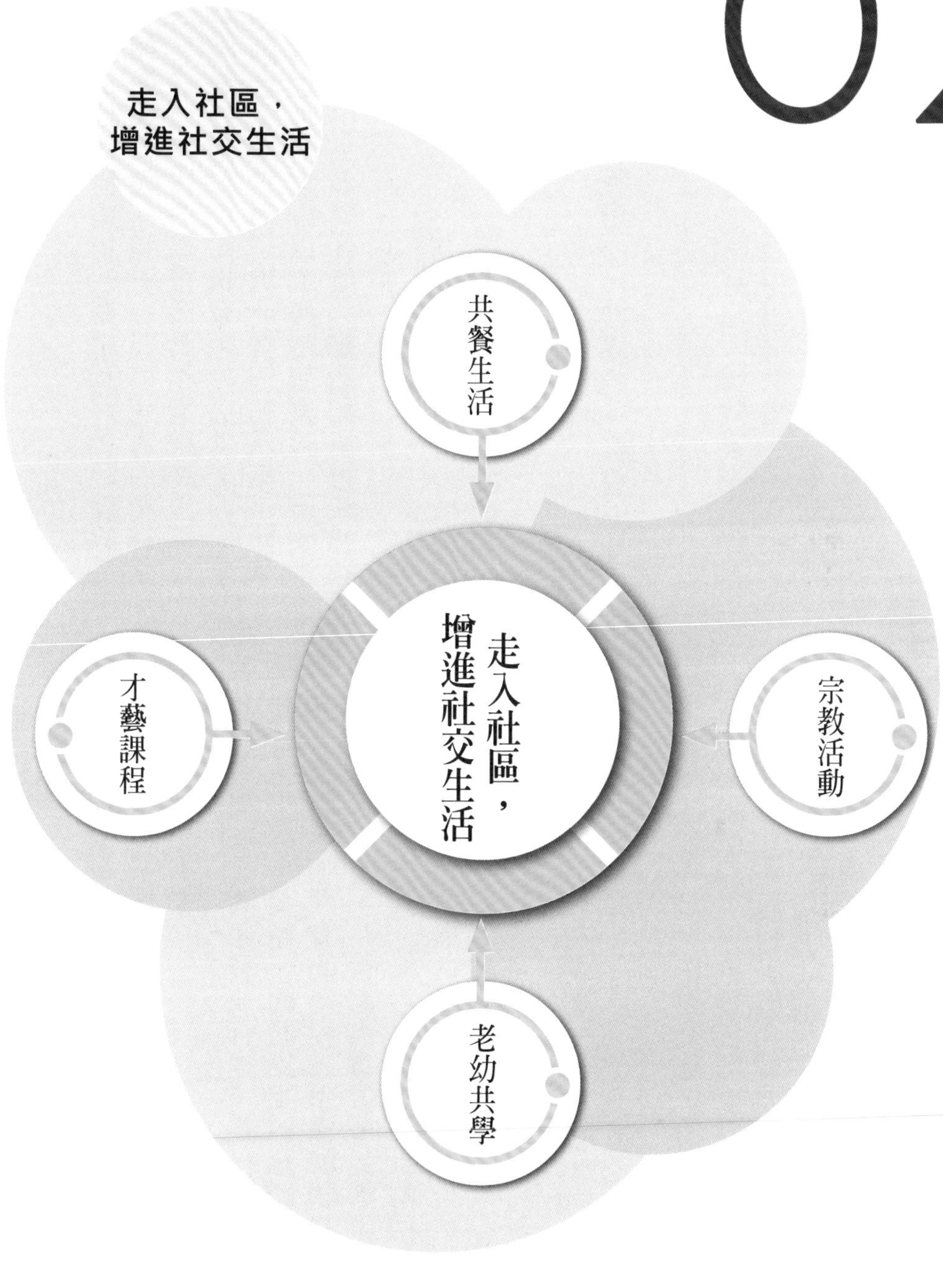

近年來，政府機構、醫院和許多社區組織都開始關注老年和身心障礙病人的精神生活，各種免費的鄰里活動和樂齡課程都百花齊放的出現，如果家中的病人並非完全的臥病在床，而是處於衰弱的狀態，除了就醫之外，也可以選擇每週幾天，帶家中的病人出去參與社區共餐活動或醫院的樂齡課程。

以下介紹幾種常見的社區活動資源，依據病人的個性、不同興趣來作選擇，鼓勵病人參加，適度舒緩病人和照顧家屬的身心靈。

## 以人為交流中心，社區的「共餐」生活

許多里鄰辦公室、社區、醫院甚至宮廟、教會團體等，都有平日「共餐」的活動。共餐指的其實就是透過志工準備餐點，將願意參加共餐活動的老年或行動不便的病人們聚集在同一個地點共同用餐。平日中午可能無法與上班的家人一同用餐的長者，卻可以透過共餐活動，與其他長輩或是志工互動，加強彼此的互動交流，讓長者在日常用餐時，也能和別人說說話、談談心，增加生活的樂趣。

有些病人因為帶著尿袋或管線，覺得自己的樣貌越來越不美觀，因此更不願意踏出戶外，藉由參加共餐的過程，不僅能讓長者努力走出家門，共餐前也會帶著長者做一些簡單的健身操，無形中活動筋骨的同時，和別人一同交談的歡樂氣氛、彼此的勉勵，都能加強他的食慾和精神狀態。

## 當「養老」遇上「托幼」，老幼共學的長青快樂學堂

除了共餐活動外，現在越來越多的醫院、社區的樂齡課程，甚至是日照中心，都有「老幼共學」的活動，病人參加課程的同時，也能增加與年輕人、幼兒交流的機會，尤其是幼兒，對於老一輩的病人來說，可是比電視還要有趣的東西。

這種老幼共學的樂齡活動，除了部分社區大學會舉辦外，社會局和一些區域醫院也

開始推行樂齡課程或長青學苑計劃，幼兒與病人一同參與遊戲競賽，例如：大手牽小手運動會，或透過年輕大學志工，教導老年的病人如何使用平板和手機。家屬不妨透過社區或網路尋找類似的資訊，帶領家中老年病人一起參與，透過代間彼此的交流、學習，甚至一同遊戲，能讓他對生命再度燃起熱情。

## 社區中的信仰力量，讀經、祈禱的宗教活動

最直接的精神寄託，往往是奠基在宗教之上，不論是佛教、道教或是基督教、天主教、伊斯蘭教……，對於許多歷經疾病苦痛的病人來說，信仰的力量往往可以帶給他們安定和支持的感覺。許多長期臥床或入住機構的病人，如果能夠安排一些社區內、機構內的宗教活動給他，比如祈禱會、讀經班，就能給予他一些支持下去的力量。

即使無法行走，或久病在床，協助病人打開電視，參與電視內的早、晚課、誦經活動；或是邀請牧師、宗教志工到家中給予關懷，也能增添病人心靈上的安穩。對於入住日照中心或安養機構的病人來說，即使是行動不便，很多機構也會安排多種宗教活動，此時不妨鼓勵自家的老人參與，獲得心靈上宗教治療的功能。

## 參與社會的重要性，社區書法班或音樂等才藝課程

對於很多病人來說，即使行動不便，還是想要參與社會、培養自己的興趣，如果只能待在家裡無事可做，想東想西反而容易使得憂鬱症更加嚴重。假使病人在身體健壯的時候，本來就培養了自己的一些興趣，不管是音樂、歌唱、書法、陶土等才藝課程，家屬可以考慮協助報名參加相關的樂齡學習課程。

有些樂齡課程會事先依據所有報名者所申請的資料和身體狀況，統一規劃適合的課程，給那些行動不便的病人。因此，家屬在報名時，不用先抱持著不可能的心態，

可以先事先打探課程取向、內容，讓病人也能參與適合他的活動，從每週的固定課程中培養興趣，加強手、眼、腦的復健，同時也能讓身體不方便的病人，確實的作出點什麼，增進他的被需要感和自尊心。

以音樂課程為例，音樂課程通常是一個很容易讓病人產生興趣的活動，因為每個年代的病人，都有屬於自己的個人歌曲回憶。

如果手指不靈光或無法學習樂器，也可以參加歌唱課程，對於許多失智症的病患來說，音樂反而能夠加強他們的注意力和短期記憶，也能保持愉快的心情，甚至有些失智症病患，即使已無法準確地記起歌詞，但到了合唱課程上課的時候，還是能隨著音韻唱出歌來。

## 居家小提醒

為了呼籲大家關注失智症問題，日本最近開設了一間號稱「會上錯菜」的餐廳，店員全是由失智症的老爺爺與老奶奶擔任，不僅能讓客人上門時，實際與失智症病人們有互動，同時也能給予失智症病人備受需要的成就感。

目前，台灣嘉義也開設了一間民間的「大齡食堂」，店員年齡全介於七十五歲到九十歲之間，擔任店員的老爺爺和老奶奶們每天都會更換新的菜色，彼此貢獻所長，讓食堂成為維繫世代情感的一個地方。

簡單復健
遊戲輔具

# 03 簡單遊戲讓復健過程更有趣！

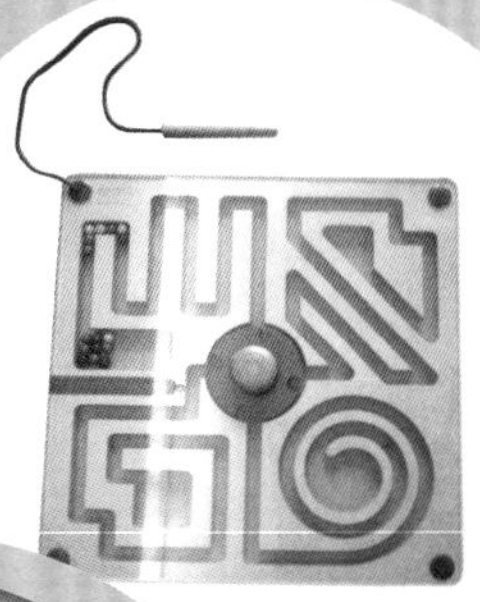
圖一

圖二

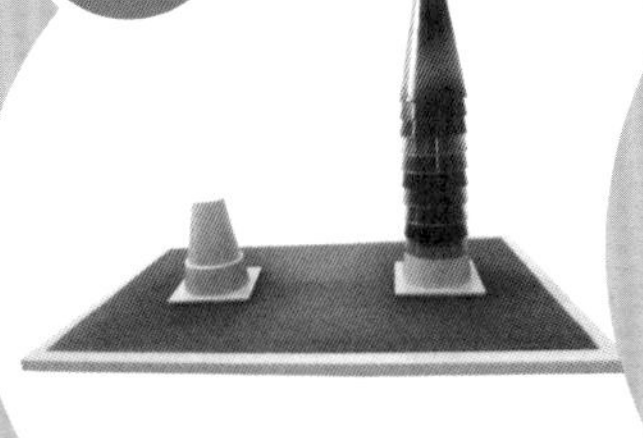
圖三

**◇圖一——磁性迷宮：**

使用雙手沿著迷宮起點開始前進，讓磁性筆吸引磁球，沿著迷宮使磁球從起點走向終點，此遊戲可訓練手部不靈活的病人，做更精細的手部運動。

**◇圖二——套圈圈：**

套圈圈常被用來訓練中風病人的「患部」手，透過「健部」手抓住「患部」手取下圈圈，兩隻一起拿起取物，最後再套往另外一個圈圈放置器上。

**◇圖三——套杯：**

套杯跟套圈圈是同樣的概念，藉由好的手牽動不好的手，然後兩隻手一起拿起杯子，再放置到另一側，就可以讓雙手全部活動到。

## 「聽、視、觸、嗅、味」五種感官訓練遊戲

五感訓練，指得是藉由聽、視、觸、嗅、味覺的動作刺激，來刺激病人的腦部反應。比如：提供病人觸摸各種材質的布料、食物、水果等，讓病人猜猜是什麼樣的東西？或是詢問病人有什麼感受，藉以加強感官和肌膚的接觸和敏感度，提供病人一個與外在環境互動，並且正確表達情緒的機會。

利用訓練遊戲活動來引導病人互動，必須先評估病人的身體和意願，在操作上，也盡量讓病人在過程中簡單、不費力及舒適的完成任務，重點在於從這項活動中，**刺激他的感官知覺能力、智能和腦部的警覺性**，同時讓病人在這項活動中**找到自信與成就**，增添生活中的樂趣。

## 邊復健、邊遊戲，長照病人的桌遊輔具

桌上型遊戲（簡稱桌遊），是指能在桌上遊玩的各種遊戲。這種團康活動的益智類桌上遊戲，其實對於失智症、中風或患有老年憂鬱症的病人來說，都是很好的復健。病人藉由抓取或是思考解謎，來幫助自己邊遊戲、邊進行手腳和心靈的活動，同時

也能透過遊戲，維繫家人之間的感情。

**改善記憶力、判斷力、注意力等認知能力**，桌上型遊戲的種類很多，依據病人的狀態、遊玩的人數，可以選擇不同的難易度，即使是行動不便的病人也能輕鬆遊玩。

透過桌遊活動的遊玩，不管病人是處在正老化或已經老化的狀況中，都能減緩惡化下去的情況。在桌遊的選擇上，太過困難或規則複雜的遊戲並不適合病人，有些病人可能因為無法記起規則，失去一起玩樂的信心。可以選擇一些容易上手、閱讀輕巧，又不會有大幅度動態活動的益智遊戲，才能讓病人輕鬆的手腦並用，邊玩樂、邊復健。

對於家屬來說，如果沒有特別購入這些專門的「休閒輔具」，其實兒孫的玩具，也是病人最好的復健器材，比如大尺寸撲克牌，可以用來訓練視力不佳、認知能力退化的病人加減乘除；磁性迷宮，可以用來訓練中風病人的手部精細度；而最簡單的套圈圈和套杯，也是拿來訓練病人左右手患側抓取和移動的最好復健工具。

居家小提醒

## 照護現場知多少？

高齡八十八歲的中風病人張爺爺，有一個六歲大的寶貝孫子，平日裡，媳婦總是很貼心的讓孫子去找爺爺，叫爺爺陪他玩遊戲。使用大尺寸的撲克牌來玩撿紅點，是孫子最愛和爺爺玩的遊戲，爺爺幫孫子計算點數的同時，不僅受到家人的依賴，自己也在動腦跟動手，形成一個良好的有趣互動，同時，也能引導他多使用手部來復健。

## 預防失智的虛擬實境ＶＲ遊戲

對於罹患失智症的病人來說，最先出現的症狀之一就是喪失導航能力，現在有一款由英、德兩國研發的虛擬實境遊戲「航海英雄」，遊戲能夠紀錄玩家的眼神移動與行進路線，以此判斷人們是否迷失方向，是專門為失智症病患打造的復健ＶＲ小遊戲。

病患在遊戲中可憑藉記憶力和方向感穿越迷宮打怪，藉此來訓練、刺激大腦，進一步預防失智現象惡化。遊戲過程的紀錄也會經由雲端傳送至研發中心，作為研究失智症的數據資料，復健遊樂的同時，還能為失智症多盡一份心力，是一項相當有意義的科技遊戲。

### 居家小提醒

隨著科技的越來越發達，傳統復健的單調、死板漸漸被人詬病，目前許多醫院、大學設計系都在研發如何透過虛擬實境與遊戲，來幫助行動不便的病人更有趣的進行復健訓練，提高他們的復健意願。

台灣目前已經有部分醫院引進「虛擬互動復健機」，針對中風病患肌肉不均衡、慢性發炎等問題，提供低、中、高等難易度不同的電腦遊戲，配合復健機的操作，讓病人訓練復健的過程，就跟拿起電玩主機打電動一樣的充滿樂趣。有些甚至能配合雲端操控，只要在平板或智慧型手機上下載ＡＰＰ，就能藉著軟體訓練更精細的手部運動。

適合病人的
簡易按摩
體操

# 04 挑選最適合的復健運動、按摩操

「運動即良藥」這句話，即使是放在行動不便的病人身上，還是十分貼切。長時間的無法動彈，會造成關節僵硬和肌肉萎縮的現象發生。雖然病人身體機能已經衰退或行動不便，無法進行激烈的身體活動，但仍要維持一定的身體狀態，避免越來越衰退。

只要學會簡單的復健體操和按摩手法，每日固定執行一至兩個小時，也能降低肌肉萎縮和疼痛的情況，對於病人的身體復健，有很大的幫助。要注意的是，並非所有的按摩與復健都適合每一個病人，如果伴有皮膚潰傷、腫瘤患者，在居家按摩和執行運動體操時，一定還是要徵詢過醫師的意見。

復健體操的功能，不僅能避免體態和肌肉的僵化，使衰弱的病人維持原本狀態，不要持續萎縮下去；對於肌肉健康但罹患精神疾病或失智症的病人而言，透過**持續活化身體機能、促進血液循環的運動方式，也有減少睡眠障礙，穩定情緒的功能**，對於身心都能有很大的幫助。

即使是步行這種簡單的運動，對於失智症的病人來說，都能減少他惡化的速度。依據病人的身體狀態，安排適合的運動，才能有效的維持或增強目前的健康狀態，不要讓衰弱持續嚴重下去。

## 放鬆眼周肌肉：眼部穴位按摩操

許多長照病人都是中、老年人口，眼睛視力往往因為長期使用或疾病（例如：糖尿病），有視力退化、甚至病變的狀況，除了出門需要勤帶墨鏡，防止太陽光的傷害外，在雙眼乾澀、酸痛不舒服的時候，按摩眼部的穴位，可以暫時減緩不舒服的症狀。

如果可以，早晚各進行兩次眼睛的穴位按摩操，配合熱敷，將有助於放鬆病人眼部的肌肉，減輕老花、乾眼症等問題。

**◇眼部穴位按摩操分解動作**

一、將雙手中指指間，放在眉毛中間的位置，順時針、逆時針各旋轉按摩十次。（如圖四）

圖四

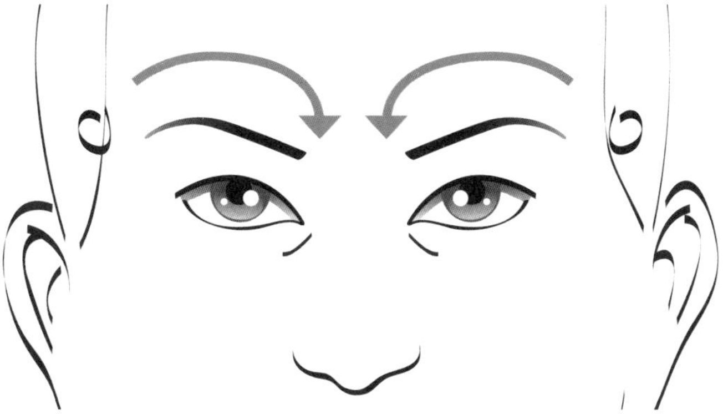

二、接著將指尖按在太陽穴位上，先左後右，各旋轉轉圈按摩三十下。（如圖五）

圖五

## 促進口腔健康的「健口操」

訓練口腔的健口操，是最容易自己在家操作的體操，能夠改善唾液的分泌、降低吞嚥障礙，甚至有改善發音和增加臉部表情的功能。執行過程中，可以口腔按摩作為輔助，雙手使用除了大拇指以外的四隻手指頭，輕輕托住臉頰，約莫上顎後端的地方，旋轉按摩十圈，再來到雙頰凹陷處，重複來回按摩十次，最後延伸至下巴後方的凹陷處，來回按摩五次，就可以徹底舒緩平日裡口腔的壓力。

### ◇健口操分解動作

一、雙頰先輪流鼓起，可以先右再左或是先左再右。

二、重複兩次後，再同時鼓起兩邊雙頰，使用雙手將兩頰鼓起的氣一次擠下去。

三、隨著擠出，嘴巴可發出「噗」地聲音，重複進行二次以上；接著把嘴角往兩側拉，一樣發出「咿」的聲音，重複二次以上。

## 居家復健運動「毛巾操」

毛巾操，其實是在伸展運動的基礎上延伸而來，毛巾的可塑性高，方便進行肢體的肌力訓練。因此對於許多肌力衰弱的病人來說，只要對毛巾進行拉扯的動作，就能有伸展的效果，因此如果病人雙手關節僵硬，但仍能進行一些簡單的移動，可以坐在椅子上，用功能比較好的那隻手，往下抓住毛巾；功能比較差的手，則往上抓住毛巾，由功能好的手帶動較差的手進行運動。

進行毛巾操時，家屬需在旁陪伴，動作不宜太快、時間太長，或是過度訓練，只要病人一感受到明顯的頭暈、心悸、手臂過痛等不舒服，就要提醒他停下來；如果使用毛巾進行體操，對於半邊麻痺的病人來說有困難，可以改為使用「健部手」拉動彈力帶，帶動「患部手」的移動。如果家中沒有彈力帶，或病人仍然無法出力拉動，可以改為將毛巾順時鐘、逆時鐘各旋轉一次，單以「健部手」帶動「患部」移動即可。

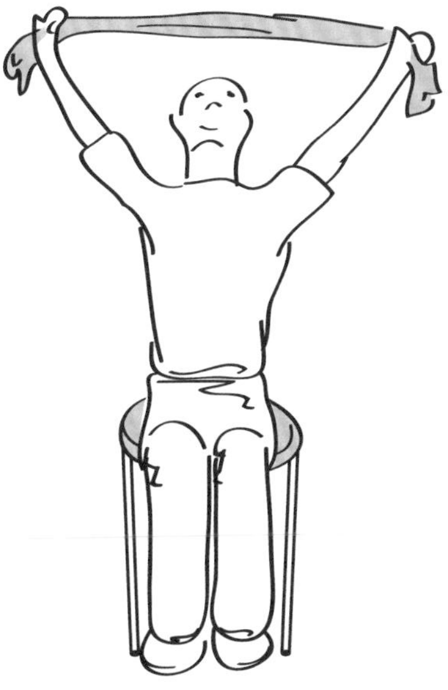

**◇毛巾操分解動作**

一、兩腳合併坐好，盡量挺直腰桿，雙手拿起毛巾繞過頭頂上舉。

二、「健部手」施力往「患部手」的反方向拉，維持姿勢五秒後，將雙手回到上舉動作。

三、改以反方向堆拉，同時維持吐氣的動作，腰部可微微朝向拉扯那端移動彎曲。

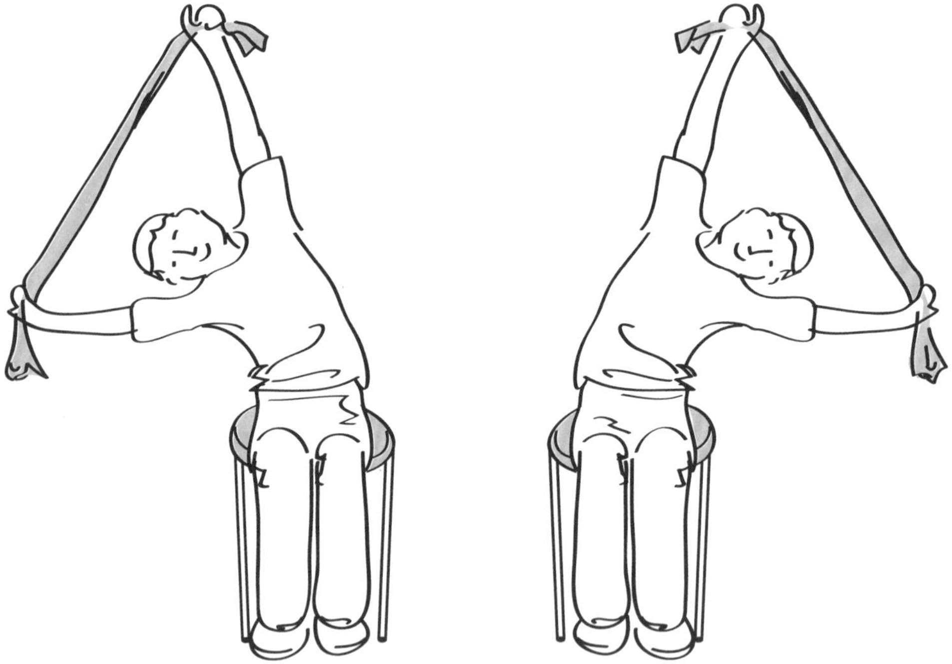

## 床邊關節按摩運動

對於許多半身癱瘓、衰弱，甚至臥病在床的病人來說，長時間的無法動彈，會導致筋骨乃至肌肉、神經的僵硬，有些病人也許剛開始可能還可以行動，但是長期的在家坐臥，漸漸地原本能動的肌肉老化，即使後續復健，也無法再動彈了。

因此，每日可以選擇幾個固定的時間點，不論是沐浴過後，或是吃飯過後，特別為病人準備按摩道具，幫助病人進行簡單的筋骨按摩。此運動特別適合半邊無力的病人伸展，無法自己訓練運動的病人執行。

進行時，家屬可以先在關節處給予病人熱敷和按摩，首先，先準備溫水浸泡手腳，使用少量的肥皂或沐浴乳輕柔的清洗手、腳指縫和關節處；等待清洗完畢後，使用毛巾按壓多餘水分，包裹手腳；最後，再以指腹螺旋按摩的方式，從身體遠端的指節，運動至身體近端的關節，家屬需要支撐住病人的關節處，以每個關節為單位，順時針及逆時針旋轉五至十次，可盡量大幅度的移動關節，但**切記動作需要和緩並輕柔**，過程中如果病人出現冒汗、臉色蒼白的現象時，應該馬上停止。

如果病人一側可以自行活動，一側比較無力，可以在旁邊觀看病人自行活動，直到運動到另側時，再輔助病人進行運動。每天的關節伸展運動，可以進行三到五次，每次約十五至二十分鐘結束，如此就能大幅促進病人的血液循環情況，也能藉著按摩紓緩病人的身心。

### ◇關節的伸展按摩（參考下頁圖式）

一、抬起關節，一隻手放在膝蓋下方，一隻手握腳跟。

二、將病人的膝蓋輕輕彎曲到無法彎曲的地步，過程中需隨時注意病人是否疼痛、受傷。

三、伸展膝蓋，幫助病人抬腿，並將關節恢復原狀。

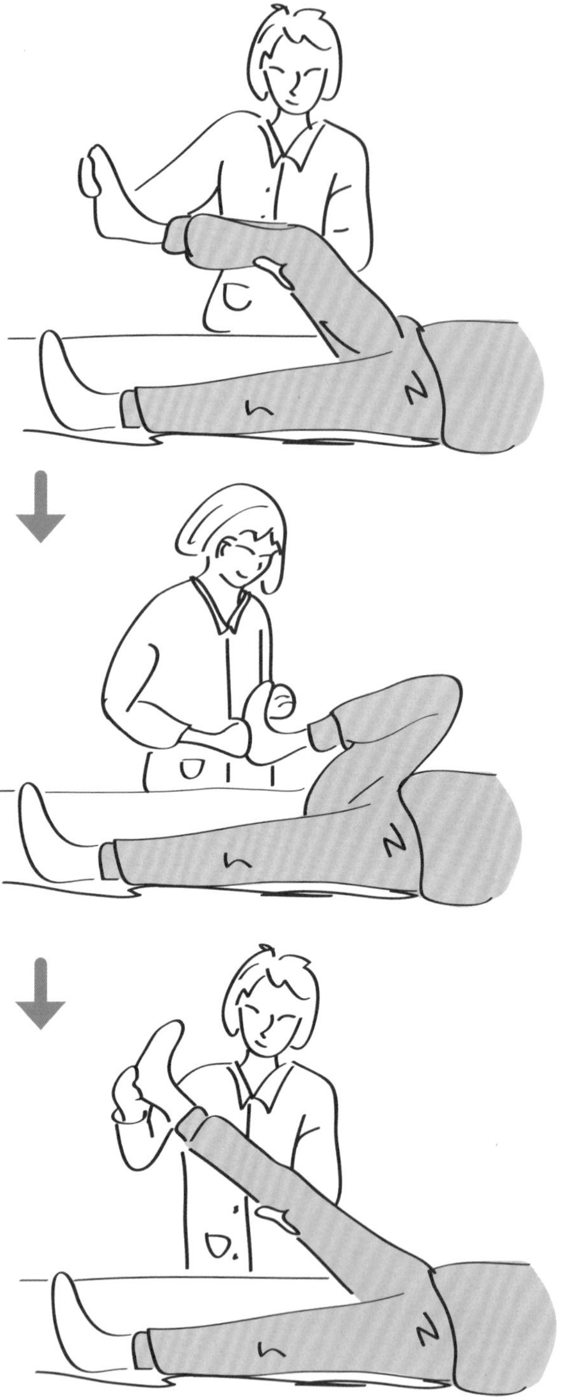

PART
03

# 在宅陪伴住，
# 居家照護後花園

面對時常容易感到身心俱疲的照護過程，家屬除了幫助病人進行生活模式的重建，日常生活有哪些需注意的疾病？心態上又該有哪些改變？都是一場學問。

協助長輩在家終老，並不是一個遙不可及的夢想，在照護的過程中，透過不停蒐集資訊，保持彈性、多諮詢他人，找尋適合自己的照護方式，就能幫助自己與病患在這段路上，走得更為快樂、平穩。

第9章

# 居家照護，如何防範
# **日常疾病發生？**

居家照護的病患在身體衰弱、免疫力差的情況下，往往會隨著身體狀態的低落，冒出一個接一個的併發症。

想要避免這些疾病的產生，必須要從日常生活中的各個細節著手，從食物、保暖到記錄每日三高，平日裡善加預防，才能徹底避免突發疾病，延緩病人退化的過程。

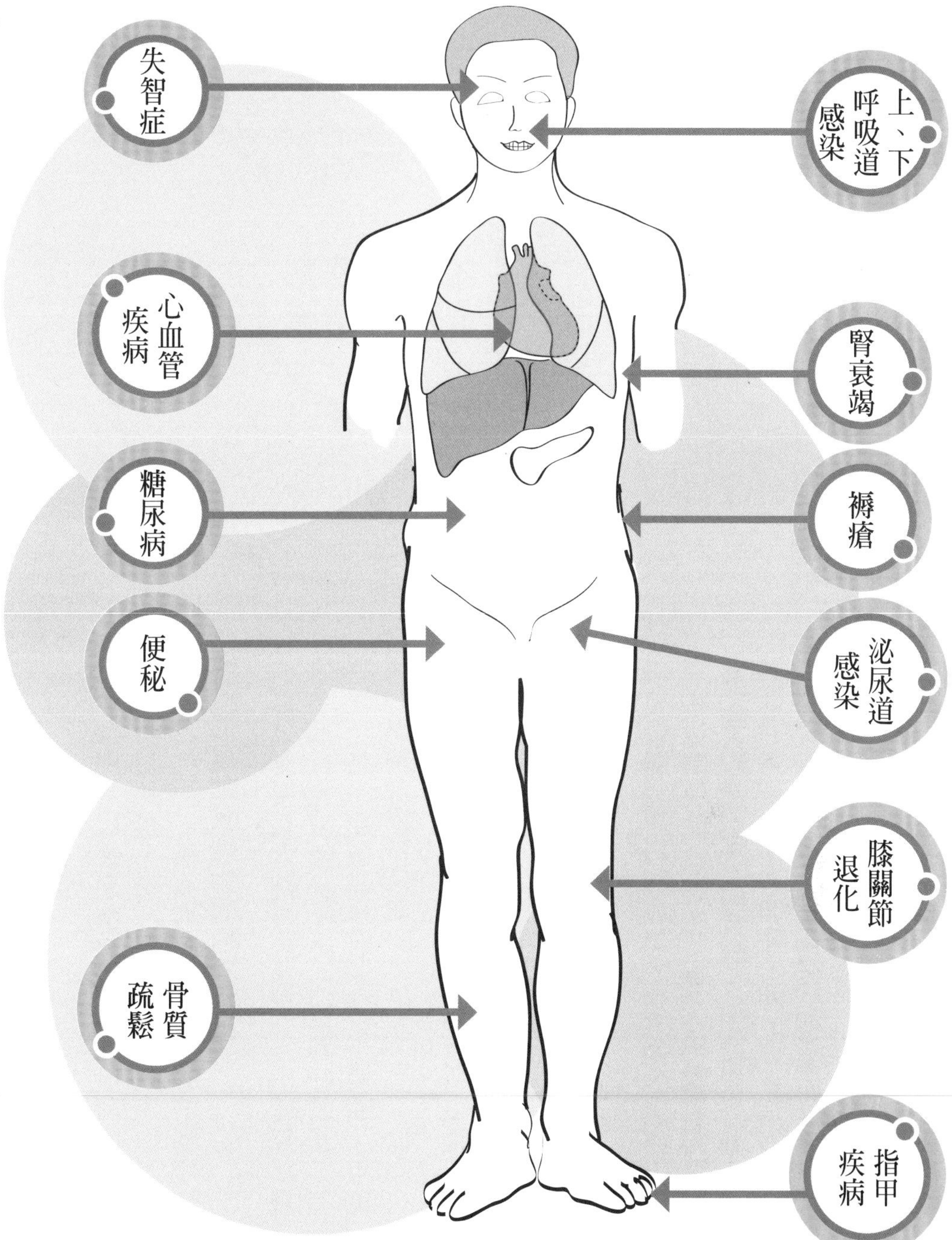
失智症
上、下呼吸道感染
心血管疾病
腎衰竭
糖尿病
褥瘡
便秘
泌尿道感染
膝關節退化
骨質疏鬆
指甲疾病

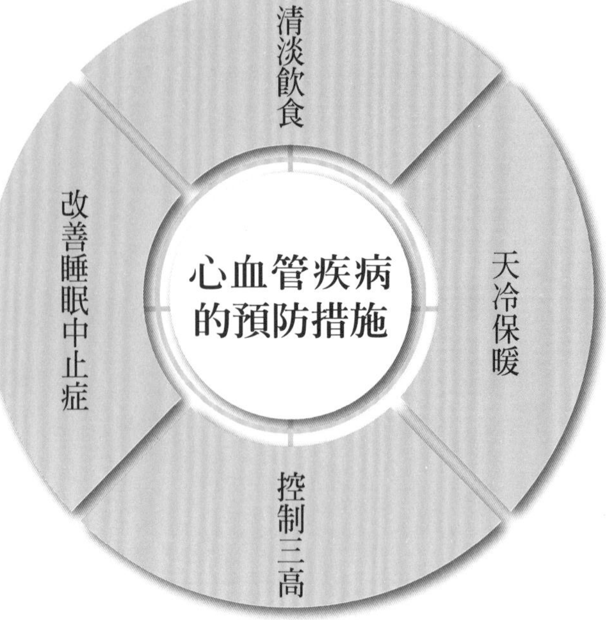


## 心血管疾病

所謂心血管疾病，包含了中風、心臟病、高血壓、高血脂等，一直都是許多老邁的長照病患頭號殺手，由於血管老化的時程很長，因此當長照病人的血管內部承受過多油脂，造成中風或心肌梗塞時，通常平日飲食內，已經累積了很長一段時間的過多油脂和熱量，隨著年齡的增長、血管功能的老化，最後**血液因為膽固醇的過度堵塞，形成動脈硬化的危險**。

大部分需要長期照護的病人，由於無法規律的進行適度運動，因此控制好飲食、控制好三高，隨時保持清淡、不過油、不重鹹的用餐習慣更是重要。

如何在居家生活中，好好的防範心血管疾病的發生呢？以下提供四種心血管疾病的預防重點。

### 一、清淡飲食，一週攝取兩次深海魚

避免心血管疾病的發生，在食物的選擇上，盡量以清淡飲食為主。**病人的餐食盡量避免「看得見油脂」的食物**，比如豬皮、肥肉、培根等食物，拒絕油炸、油煎等烹調方式，**改用清蒸、水煮、燒烤等方式烹飪**；同時降低膽固醇含量高的食物，比如：內臟、餅乾等；除此之外，鹽分的攝取也要減少，當納攝取過多時，會增加心臟和血壓的負擔，這些都可能造成心血管疾病的發生。

多多攝取高纖維的蔬菜、全穀類食物，可溶性纖維的蔬菜和水果，可以有效地降低血清膽固醇，因此，每天應至少攝取兩個拳頭大的蔬菜，以及二至三份的水果。

補充水分，以及深海魚類的不飽和脂肪酸，也很重要，病人每日的水分必須攝取到一千五百毫升至二千毫升才算充足，如果有吞嚥困難，也可以加入洋菜粉自製成果凍水，提供給病人做水分的補充；而深海魚類的攝取，每週至少需兩次，其中內含的不飽和脂肪酸，能夠有效的避免血管硬化危機。比較需要特別注意的是，烹調魚類時，也一定要記得減少油炸裹粉，才不會讓病人吃的過程中，仍然攝取了過多的油分。

## 二、天冷外出，幫病人做好保暖規劃

長期照護的病人，本來身體就比別人更為虛弱，氣溫的驟降不僅會造成病毒感染的危機，更可能因為血管收縮、血壓上升，造成中風、心絞痛、心肌梗塞等血栓危機。外出時，幫病人多帶一件外套或毛毯，備妥帽子、手套和口罩，保暖好手、腳、鼻尖等末梢神經，協助病人採取洋蔥式穿法，才能避免天氣變化過大，而突然造成血管破裂的危險。如果外出時，病人突然出現胸悶、胸痛、噁心和呼吸困難的情形，則應該要立即送醫尋求醫護人員的協助。

## 三、留意病人是否有睡眠中止症的困擾

睡眠呼吸中止症是源自於睡覺時，呼吸道會反覆塌陷，造成呼吸困難，只能透過嘴巴呼吸，有時甚至會造成缺氧窒息的症狀。當血液中的氧氣濃度降到九十%以下，心臟為了應付缺氧，無法正常休息，就可能導致血管老化的問題。長期的睡眠中止症，往往會導致心血管疾病的風險，因此，如果病人在睡覺時往往伴隨著鼾聲突如其來的中止、睡眠品質差、睡醒頭痛等症狀，建議尋求醫療的協助改善。

## 四、控制體重、三高，準確用藥

如果病人原本就有三高或心血管疾病的困擾，除了定期規律的服藥和回診，控制病

情外，也要控制好體重和三高的問題，避免久病臥床的病人因為肥胖引發代謝症候群。**三高的量測是每天必做的功課之一**，很多長期照護的病人都有膽固醇、血糖和血壓的問題，量測做好紀錄，才能控制病人每天的飲食分量和範圍，遇到有突發疾病時，也可以透過每日的記錄，讓醫生更準確的評估疾病可能發生的原因。（每日紀錄表詳見附錄）

## 糖尿病

糖尿病的病人往往會伴隨著疲勞、視力惡化、體重減輕和傷口無法癒合的狀況，如果長照病人被確診為糖尿病，不論是照護前還是照護後罹患，日常生活習慣都要更加小心。

日常生活中，**每日固定幫病人量測血糖是最重要的事情**，尤其是臥床病人，由於不能確定病人身體是否有不舒服、發抖或昏迷的現象，因此需要確保每日血糖的穩定，才能避免憾事發生。

飲食上，如果**透過鼻胃管或胃造廔管灌食，比較能夠精準地控制一天的飲食狀況**，記得在挑選上，必須選擇糖尿病的特殊配方；假如病人可以自行進食，少油、少糖和少鹽則是關注的重點，與心血管疾病的病人一樣，多攝取全穀類、蔬菜，避免油炸和油煎的烹調方式，並需維持定時、定量的三餐時程。

如果陪同糖尿病的病人看診或出遊，必須隨時注意是否有低血糖的狀況，在包包裡準備一、二顆巧克力、糖果等高糖份的食物，才能避免突如其來的昏迷或抽筋現象。

由於糖尿病的病人一旦血糖控制不佳，視力和皮膚都很容易惡化或感染，因此，定期攜帶病人做視力檢查，並且在清潔時，注意是否有久未癒合的傷口、瘀青或紅腫，如果發現小傷口，隨時消毒覆蓋；假若是無法處理的大傷口，則需就醫請醫生評估。

居家小提醒

**照護現場知多少？**

五十五歲的劉先生，因為工地意外導致半身癱瘓，由於長期臥病在床，因此家人沒有能力分別「嗜睡」跟「昏迷」的差異，只是一直很納悶為何白天的時候，也看到劉先生一直在睡覺。直到推去給醫生檢查時，醫生才告知家人：「他的狀況看起來不像是嗜睡。」請家人們趕快推去量血糖，一量發現劉先生的血糖竟然飆到四百多，只好馬上住院，施打糖尿病針劑，才慢慢調整回原本的血糖值。

## 感染預防

### 一、上呼吸道感染：感冒

免疫力差的病人，一遇到溫差過大、流感流行期，就很容易罹患感冒，由於感冒幾乎是透過呼吸道傳染，因此最好的防範途徑就是要杜絕感染源。在居家環境設施上，病人的臥房要特別勤打掃，流行性感冒好發期間，甚至可以**增加消毒水擦拭家具及門把**，注意**進出病人房間時勤洗手**；同時**留意病人的營養狀況和作息時間**，儘管對於臥病在床的病人很困難，仍然要盡力讓他維持正常作息；另外，病人的抵抗力因為很差，所以在病毒大流行期間，最好減少帶病人外出公共場合，避免交叉感染。

如果是流行性感冒，由於復原時間比一般感冒長，症狀發作突然、嚴重，還可能會導致肺炎、心肌炎、腦炎等嚴重併發症造成死亡。因此，最有效的預防辦法，就是在流感的高峰期，**定期施打流感疫苗**。儘管疫苗是最有效的防禦方法，但疫苗防禦力卻並非百分之百，因此一旦病人出現感冒、發燒等現象，立即就醫診斷，才能避免併發症的發生。

## 二、下呼吸道感染：肺部感染

長期臥床的病人，感染肺炎症狀往往與可以活動的一般人有些許差異。除了發燒、感冒造成的肺炎併發症，吞嚥困難、食物或口水噎到的情況，也可能導致吸入性肺炎的發生，嚴重一點，肺炎更會進一步引發呼吸衰竭。

要避免長照病人的肺部感染，最好的方式就是**定期施打肺炎鏈球菌**，能夠有效地降低至少一半的肺炎發生機率，而肺炎鏈球菌疫苗只要接種一次，預防的效力更能持續五至十年，是一種積極預防肺炎的好方法。

如果是吸入性肺部感染，在飲食上就必須特別留意病人的吞嚥情形。由於吸入性肺炎的症狀並不明顯，常常被一般人忽略，在照顧上，就需要更加留意。無法自行翻身的病人，必須每二小時就幫他翻身一次，幫助他體內的分泌物排出。至於病人用餐時，最好**用半坐臥的方式用餐**，同時用餐後，至少要間隔一至二小時在讓病人平躺，才能避免未消化的食物逆流嗆入呼吸道。

如果病人長期有吞嚥困難的問題，可以使用洋菜粉或果凍粉製作的半固體的濃湯湯品或水，或是用小湯匙一小口一小口餵入，假如效果持續不佳的情況，再與醫生討論鼻胃管或胃造廔管的可能性。

## 三、泌尿道感染

正常人解小便時，都是採取蹲式或是站立的方式，能夠立即把尿液排空，但對於長照病人來說，往往都是在床上包著尿布解尿，同時，也往往無力自主排尿，尿液排放得不乾淨，就容易造成感染。由於**泌尿道感染早期可能無症狀**，家屬不容易發現，等到出現發燒時、畏寒、尿液混濁的狀況時，才會被發現。因此，家屬需要特別留意，避免泌尿道感染導致腎結石或是腎臟炎、膀胱炎、攝護腺炎等問題。

要避免長照病人泌尿道感染，如果是可以行走或是坐穩輪椅的病人，盡量讓他下床活動；假如實在無法起床，也要隨時補充大量的水分，確保病人每日至少有維持固定的尿量。女性病人要每天協助她清洗會陰部；男性也要留意肛門口、尿道、包皮間的清潔。如果有使用導尿管的病人，每天絕對需要消毒後，再更換膠帶黏貼的位置。

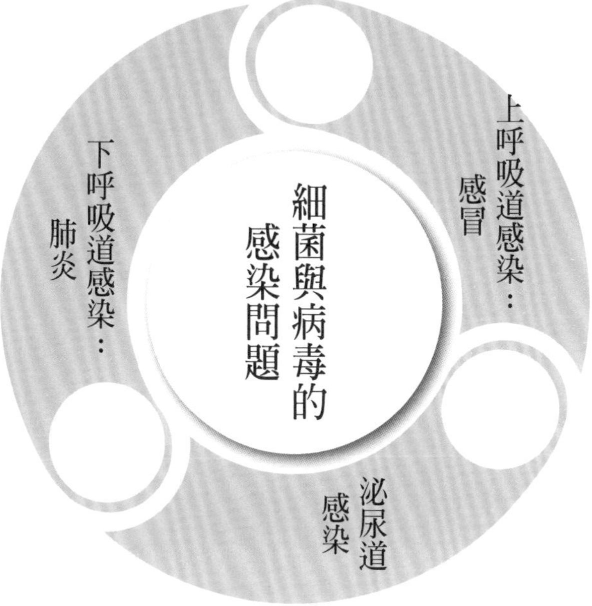


## 失智症

對於失智症的病人來說，記憶喪失是持續性和漸進性的，這個病症往往會影響他們工作、家庭方面的各種功能。有些病人初期只是找不到回家的方向，到了晚期，卻會出現認知障礙，甚至忘記如何穿衣服、吃飯等生活自主能力。

初期的失智症現象僅僅是面對複雜的工作或環境，才可能會造成問題，對於日常生活的影響並不高；到了中期，日常生活的影響將越來越嚴重，甚至會出現忘記長、短期記憶的記憶混亂狀況，此時的病人也可能會伴隨著性情大變與狂躁的現象；直到失智症晚期，病人的日常生活幾乎完全需要仰賴別人照顧，走向生命的終點。

失智症目前還找不到治癒的方式，但是透過用藥，可以減緩失智症的病程發生速度，如果發覺病人常常出現記憶力衰退的狀況，建議一定要帶往醫院讓他接受完整的評估，早期發現，才能早點透過藥物延緩失智症的發生。

為了減緩和預防失智症的發生，在平日的生活中，就可以**多鼓勵病人參與需要使用大腦的活動**，失智症病人也可以參加專為失智症病人設計的遊戲，有助於活化身體和大腦的功能。

如果失智症到了中後期，建議可以帶領病人前往日照中心或是失智症團體家屋等機構，才能避免病人因為走失，造成無法挽回的悲劇。

## 便秘

長期的便秘情況，比較容易出現在行動不便、心智功能減弱的病人身上，不管是排便不完全、次數過少、太硬難以排出，都算是便秘情況的一種，除了日常生活的習慣外，便祕有時也可能是由於疾病引發，比如大腸的疾病、糖尿病等，都會加劇便秘的狀況更為嚴重。

要**改善便秘的狀況，飲食習慣是首要之務**，多攝取纖維質多的高纖食物，比如：蔬菜、水果、牛蒡、地瓜等，每天至少要攝取足夠的水分，養成定時排便的習慣，排便的時候，如果不夠順暢，可以以肚臍為中心點，順時針畫圓按摩腹部，維持十至十五分鐘的時間，也能夠刺激腸胃的蠕動，讓排便順利。

如果是臥病在床的病人，除了改變病人的用餐習慣，每天起床一杯溫開水，刺激腸胃蠕動，定期記錄下病人每次的大便次數、數量、顏色等狀況，才能了解目前狀況，萬一遇到突發事件，也可以將資料提供給醫療人員診斷。

幫助病人補充一些天然的益生菌膠囊或是乳酸飲料，也是順暢排便的其中一項好方法，如果便秘的情況仍舊無法改善，並且持續了一段時間，詢問主治醫生，是否需要接受檢查或給予處方，才能獲得最好的治療處置。

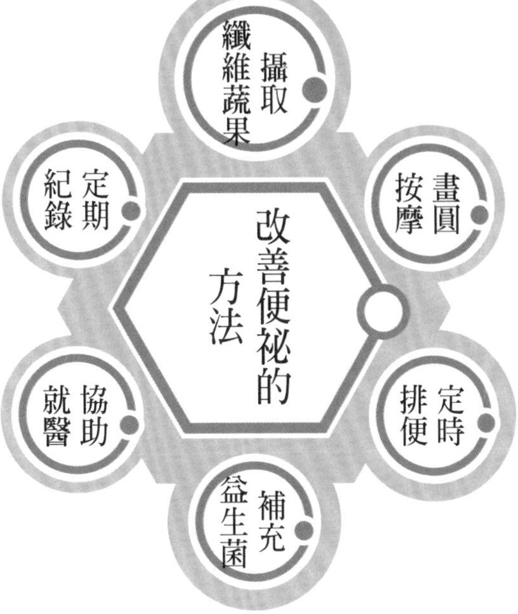


## 皮膚、指甲疾病

### 一、指甲疾病：

如果長期穿著不合適的鞋，或是指甲修剪不當，重新長出時，甲肉可能就會往肉的內部生長，引起急性甲溝炎、灰指甲，嚴重一點，還可能導致蜂窩性組織炎的出現。尤其罹患糖尿病等免疫系統異常的疾病時，更容易因而產生嚴重併發症。

急性的甲溝炎，往往是因為病人的指甲內有微小傷口，進而引發細菌或黴菌感染；而慢性甲溝炎則是因為反覆的過敏、刺激所引發。

要**預防甲溝炎的發生，首先要學會正確的修剪指甲**，使用指甲刀水平直剪，指白處至少預留一公釐，避免剪得過短；兩側的甲溝處要盡量避免修剪，如果過長或過於尖銳，只要使用磨甲器將指甲磨圓即可。

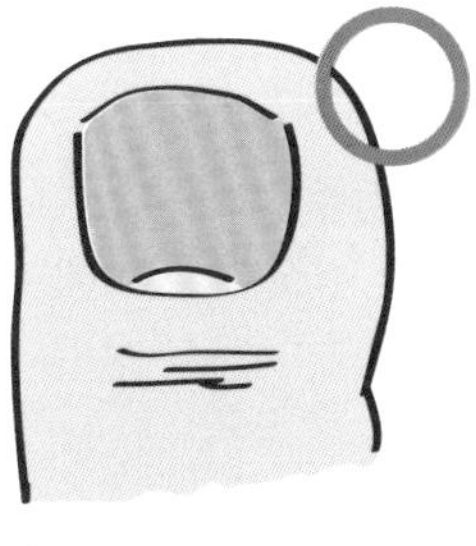

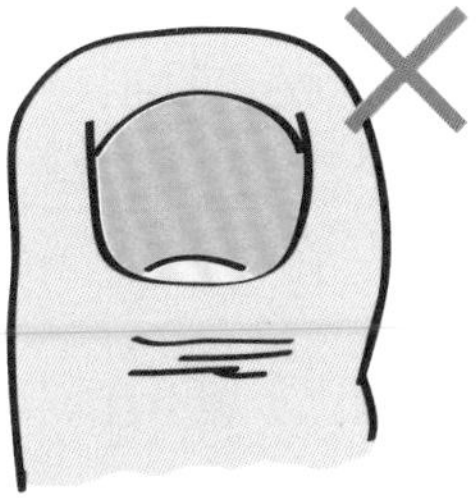

如果指甲遭到黴菌的感染，顏色會變為黃、灰、綠等不正常的色調，嚴重時可能會有指甲變形、蜂窩性組織炎的情況發生，當病人抵抗力較差時，很容易遭受感染。由於黴菌喜歡在潮濕的環境中生長，因此，

腳步一定要盡量保持乾燥，穿著透氣、吸汗的棉襪，並且將襪子每日換洗、烘乾或曬在有陽光處，如果已經感染灰指甲，需要避免病人的鞋子或指甲剪與他人共用，同時，也要制止病人搔癢難耐時，用手指直接抓癢，以免手指甲也遭受感染。

### 二、褥瘡

褥瘡是許多臥病在床的病人都曾出現過的毛病，如果拖延過久，遲遲未好，有可能會引發敗血症和截肢的危機。因此，平日裡，就要時時注意病人肌膚是否有紅腫、發炎或敏感的現象。

對於長期臥病在床的病人來說，維持床單的平整，避免皺褶處成為摩擦的壓力點，並且每隔兩小時就幫助病人翻身一次、改變姿勢，才能避免坐臥的壓力一直維持下去。病人的尿布一定要時常更換；沐浴、擦澡時，最後也要將肌膚擦乾，隨時保持皮膚的乾爽狀態，避免過度潮濕。

病人擺置的姿勢，也是防止褥瘡的一個重要關鍵，盡量使病人坐臥時的著力點分散，將柔軟的枕頭墊在病人的小腿、腰際下，都是一個分散壓力的好方法，如果病人的褥瘡過於嚴重，也可以使用特殊設計的水床、氣圈等專門床墊，減少病人與床面之間的接觸面積。

## 腎功能衰竭

腎臟病早期的特徵其實並不明顯，因此等到昏迷、噁心嘔吐時，通常已經是嚴重腎衰竭的狀態；如果本來就有糖尿病、高血壓的問題，也要避免病患慢慢產生慢性腎衰竭的情況，造成未來長時間的洗腎度日。想要避免腎功能問題，可透過以下四種「保腎」方式開始下手。

### 一、謹慎用藥，避免增加腎臟負擔

有許多腎臟病的開始，都是由於成藥的濫用開始，長期服用過度的成藥或是來路不明的中藥材，都可能會造成腎臟病的危害。長照病人本身可能已有許多需要靠藥物控制的病症，此時，不能因為害怕藥物就自主停藥，或是一有病痛就自己服用成藥，應該先就醫後，詢問醫生，表示自己是腎臟病病人，在藥物的服用和處方上有什麼需要注意的事項。

**二、低鹽、低蛋白的均衡飲食**

吃進太多蛋白質會對腎臟造成負擔，幫助病人準備能夠攝取纖維質的蔬果類，避免高鹽、高油、加工醃製的食物，出現在病人的餐桌上；平日購買的蔬果，也一定要清洗乾淨，確認沒有農藥殘留，才不會引發腎臟病變。

**三、攝取足夠喝水**

病人每日的飲水量一定要充足，喝水可以加速體內的代謝物排出，每日至少需攝取一千五百毫升至兩千毫升，但盡量不要超過兩千五百毫升，避免水中毒的情況。如果難以吞嚥，可以使用灌食或洋菜製成的果凍水，來幫助病人從中攝取水份。

**四、控制血糖、血脂、血壓**

有腎臟問題的病人常會有高血壓、高血脂和高血糖的問題，如果無法嚴格控管「三高」的數值，就會引發腎臟病變。除了每日固定幫病人量測數值外，每半年也最好做一次尿液、血液的檢查，確認有無任何異常；另外，蛋白尿也是慢性腎臟病的重要指標之一，如果發現病人解尿時，尿液呈現顏色過深、泡泡久久消散不去的狀態，都需要去醫院進一步追蹤確認。

## 骨質疏鬆

骨質疏鬆是長時間臥床的其中一個併發症，由於病人的肢體無法動彈，又幾乎待在室內，缺少日曬後的維他命D，如果此時的營養攝取不夠充足，就很容易造成骨質疏鬆的症狀出現。

許多臥床病人都有長時間服用類固醇、止痛藥，或伴隨糖尿病、腎臟病的疾病問題，這些疾病和用藥，都容易加劇骨質疏鬆的時程。

此時，只要一個旁人的外力推拉，可能只是要抱起病人，卻反而造成病人骨折。

這些骨質疏鬆的高危險群病人，家屬除了要定期帶病人前往健康檢查，如果已經出現骨質疏鬆的徵兆，更要遵照醫生的指示服用藥物；除此之外，家屬在**協助病患翻身時，要盡量將施力點放在腰部的軀幹部位**，動作盡量溫和緩慢，比較不會造成骨折的現象。

想要避免骨質疏鬆，可以從飲食開始著手，攝取高鈣食物，能有效的預防骨質疏鬆的情況越來越嚴重。如果病人仍然能夠自行用餐，不需要倚靠造管灌食，在製作餐點時，**可以多增加小魚乾、豆腐等高鈣食物**；至於灌食的病人，可以透過補充牛奶或是市售、專為骨質疏鬆病人設計的高鈣灌食營養補充品。避免鈣質流失，也要避免濃茶、咖啡和大魚大肉的飲食型態，這些多餘的蛋白質，都是造成鈣質流失的頭號殺手。

另外，**維他命D的補充**也可以**增加鈣質在腸道內的吸收情形**，維他命D需要透過適度的日照補充，只要曬太陽短短十分鐘，就能幫助病人取得維他命D進入身體。

因此，假如病人仍能自行行走，可以鼓勵病人偶爾出去曬曬太陽；如果病人只能透過輪椅前進，那麼家屬可以安排幾天假日，帶著病人一起到附近出遊晃晃。

## 膝關節退化

久坐或臥床的狀態，因為長時間的不動狀態，會加速膝蓋軟骨磨損或韌帶退化的情形，當膝關節過度疼痛，原本可以下床短暫行走的病人，都有可能因為逐漸加劇的疼痛，導致再也無法行走的狀態。

避免病人膝關節退化快速，對於尚能自主動作的病人，需注意避免進行半蹲、全蹲、跪地等，需要長時間蹲跪的姿勢，即使是較為緩和的太極拳，也要注意是否有類似動作而避免，才不會造成韌帶拉傷的情況。

在食物保健上，常吃大蒜、青花菜等抗氧化物消除自由基，或是適度的補充維他命C、維生素D、E和β胡蘿蔔素，都有延緩關節退化的能力。另外，當天氣變冷時，選擇一個可以穿戴保暖的護溪膝，固定幫助病人局部熱敷，都能適度的消除膝蓋上的壓力，降低損傷。

避免關節肌肉的僵直，如果是臥床不起的病人，每日進行關節順時針、逆時針的畫圈運動，按摩關節肌肉，或著是幫助病人盡量坐起活動，而不要全日都躺著，就能防止關節攣縮、退化的發生。

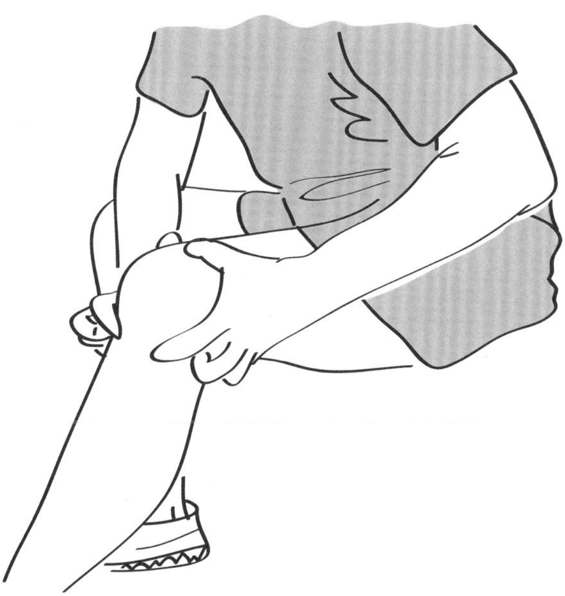

# 第10章

# 照顧長路不孤單，
# **長照家庭真實告白**

那陣子，家人之間的生活秩序一直處在很混亂的狀態，每天醒來的第一件工作，就是全家到醫院集合，待到半夜再回家休息。一度因為經濟考量，想把唯一的房子處理掉……（三十五歲全職家庭主婦的告白）

臉書每一天都有動態回顧紀錄，記錄著兩年前的「今天」發生了些什麼事，直到現在，我還是透過這項動態回顧，來給予自己更多的勇氣和動力，陪伴父親繼續走下去……（四十三歲藥廠女業務的告白）

# 01

## 長期照護家屬心路分享一：三十五歲全職家庭主婦的告白

家庭背景

主要照顧家屬：黃太太，三十五歲，家庭主婦

病人：婆婆，八十三歲

疾病狀態：中風（輪椅代步）

家屬照顧歷程：二年四個月

婆婆今年八十三歲，中風至今已經二年四個月，我自己是家庭主婦，全職在家裡照顧孩子和婆婆，另外也有請一位看護，共同參與照顧婆婆的工作。

**婆婆本身就有長期性失眠和高血壓的問題，是中風的高危險群**。特別喜歡醃漬食物的她，每次勸她多攝取些水分和纖維質，她都嫌我們太會碎念，自己的身體還很硬朗，沒想到這樣的她，有一天卻突然倒下了。

還記得事發當下，婆婆被緊急送往振興醫院急診室，醫生診斷之後，確認是血管栓篩型的中風。剛開始住進醫院的幾個月，婆婆的左半邊幾乎全部不能動，醫生告訴我們這是黃金復原期，因此我們一直寄予厚望的幫婆婆頻繁復健，希望讓她恢復到至少能夠倚靠拐杖行走。婆婆本來就是個很好配合和相處的人，只要家人哄她，即使她不願意，也會配合復健。

一開始成效真的很好，我們甚至被醫院推薦進入健保的特殊方案，容許她能住院三個月接受復健治療（一般健保只能住一個月）。由於她的復健進展很快，神經內科的主任認為她是模範生，推薦她進入政府補助的特別方案。有了這件事，全家人都覺得士氣大增，公公除了每天在醫院陪伴婆婆外，我們下班也會立刻趕到醫院，陪著她、哄著她一起做復健。

## 全家一條心，陪伴復健的那段失序日子

婆婆剛中風的那段時間，我和丈夫都覺得，只要這陣子忙完之後，婆婆就會好起來，我們就能鬆一口氣。於是小孩的才藝課停掉了，每天都去醫院陪伴他的阿嬤，給婆婆加油和鼓勵；先生的工作也離職了。先生和我一個是獨子、一個是獨媳婦，就這樣輪流陪伴婆婆在第一陣線，希望讓她有動力繼續走下去。

由於婆婆的左半邊無法活動，不管是站或坐都有問題，因此一開始進行復健訓練時，是從床邊罰坐開始，後方有一個人撐著她的身體，避免婆婆不穩摔倒，等到婆婆的

坐姿訓練得十分穩定時，才讓她開始貼著牆練習站立。醫院牆邊都有桿子可以讓病人綁住包巾，訓練站立，復健一次要站半小時，站立的過程中，婆婆常常會忍不住喊累，想要放棄，我們只能在旁邊陪伴她，給她鼓勵。

然而，婆婆本來就是長期氣喘的病人，肺功能相比一般人更為低落，在訓練婆婆吃東西的過程中，往往會因為不小心嗆到食物，導致反覆的肺部發炎情形。每次只要肺部一發炎，施打抗生素就會影響所有的復健活動，結果復健停擺的結果，就是本來的進展又慢慢打回一開始的原狀。

那陣子，家人之間的生活秩序一直都處在很混亂的狀態，每天醒來的第一件工作，就是全家到醫院集合，待到半夜再回家休息。先生離職之後，一度因為經濟考量，想把唯一的房子處理掉，因為光是醫療器材、復健用具、牛奶、尿布等各種耗材，每日每夜都在燒錢，還好當時婆婆自己也有一些老本，不然，當下排山倒海的壓力，完全壓得自己喘不過氣。

## 「答應你，要努力健康的老下去。」

我的小孩當時才剛讀國小一年級，我們一家三口搬出去沒多久，婆婆就病倒了，因為忙著陪婆婆復健，孩子放學也沒有多餘的心力照顧，不是叫他去護理站寫作業，就是請他先到同學家，拜託同學的媽媽幫忙張羅晚餐，等我們從醫院回來，再過去把孩子接回家。

長久下來，小孩自己也產生了一些情緒反應，常常會對著我抗議：「為什麼每天都要來醫院？為什麼不能出去玩？」我只能無奈地嘗試讓他換個角度思考：「如果今天換成是我倒下去，你是不是也會想要每天來醫院看我呢？那麼，我們是不是要祈禱阿嬤早點康復，就能一起回家去？」

我這樣說的時候，其實不知道孩子能夠理解到什麼程度，看到婆婆這樣，我也曾經堅定地對孩子說：「我願意給你承諾，我會努力健康的老去，因為我不希望你變得像爸爸、媽媽一樣，過得那麼辛苦。」幸好，當我跟小孩溝通過幾次之後，小孩對於到醫院的反應，就不再那麼大了。

## 沒有退步，就是進步！

我的丈夫是獨子，沒有手足可以輪替，剛開始真的非常辛苦，煩惱的時候，連互相商量、討論的對象都沒有，全部都只能自己扛下來。而中風對於婆婆來說，打擊也相當大，她覺得自己完全失去了自主性，哪兒都去不了、話也講不好。

直到現在，她一天中還是偶爾會哭個一、兩次，而且始終不太願意開口，唯一會講話的時候，就是太過疼痛、不舒服，就會開始喊著她的父母快把她接走，有時在旁邊聽著，也會覺得心裡酸酸的。

後來的我們，因為婆婆反覆感染，進步幅度不如醫生預期，被迫排除到方案之外，有陣子一直在思考究竟該何去何從。婆婆前後在醫院待了半年的時間，剛開始我們都鼓勵她，要一起拄著拐杖走路回家，但隨著狀況反反覆覆，**醫院住久了，有時婆婆連自己身處何處，現在是白天還是晚上也會發生錯亂**。最後，我和丈夫決定，還是把家裡整理一下，接她回她自己一直很想回去的家。

一開始，仍然對於婆婆寄予厚望，一直希望她能回到原本的狀態，當復健不如預期，心態上就更加失落。我自己有時也會反問：「是不是自己做得不夠好，為什麼突然之間，她連走都不能走了呢？」加上原先家中要做的裝潢、家庭的計劃和目標，全都被迫更動、停止，其實當時的我，是十分茫然不知所措的。

回到家之後，我們漸漸嘗試回到了原本的生活型態。請了一個外傭，每天早上，丈夫去上班，我接送小孩上、下學，然後回家和外傭一起顧著公公、婆婆，人動起來情況下，心態也有了很大的轉變。目前的我們，只要婆婆數值一切穩定、不再有突如其來的併發症，**沒有退步的情況下，就是一種進步**。

## 照顧好自己，才能繼續走下去

在醫院復健到最後，婆婆其實有些乏力，偶爾也會有不想配合的時候，加上婆婆常常抱怨自己喘得要命，這時，復健老師可能會比較求好心切地說：「你們乾脆不要來好了。」因而冷落了婆婆。現在，我們決定把所有的復健器材都買來，回家自己做復健。

除了復健以外，也會固定在星期一、四帶著婆婆一起去針灸，轉移一下生活重心，讓婆婆有點事做，不要每天都過著一陳不變的生活。每個星期一和星期四的早上，婆婆就會在家裡等著說：「我下午要去針灸。」有了一些事情期待，也讓每日陪伴在旁的公公有點喘息空間，將注意力轉到其他事情身上。

我公公是個很體貼的丈夫，每天始終如一的哄著婆婆說：「妳趕快好啊！我帶妳去吃那間很好吃的牛肉麵店，或是我們一起去哪裡玩，也可以啊！」我常常覺得公公是靠著意志力在撐著，需要一個抒發管道，他比婆婆大上兩歲，自己也是高血壓和高血脂的病患，關節和膝蓋也不太好，但他什麼事情都盡量不想去麻煩別人。

以前在醫院，我們的注意力全部都放在婆婆身上，常常忽略了公公和小孩，後來發現不能這樣，必須調整好自己和家人的心態和生活，把**自己照顧好，才能有更多的能量陪伴**婆婆繼續走下去。

我同樣會擔心丈夫的壓力太大，因此時常鼓勵他發展一些自己的興趣，他現在每個禮拜，都和同事們一起學習打高爾夫球；我自己也在學小提琴，把音樂當作紓壓的管道，現在的我，已經能夠獨立拉起一首簡單的曲子了。每當家人不在時，我就會把房門、窗戶關緊，自己一個人獨自練習，透過找到自己的興趣重心，當作一種紓壓和調劑，如此，才有力量繼續向前邁進，面對未來的生活。

# 02

## 長期照護家屬心路分享二：四十三歲藥廠女業務的告白

家庭背景

主要照顧家屬：蕭小姐，四十三歲，藥廠女業務

病人：爸爸，七十四歲

疾病狀態：意外造成左半邊癱瘓（輪椅代步）

家屬照顧歷程：二年

父親今年七十四歲，兩年前因為一場車禍意外，昏迷了九個多月。

因為頭骨碎裂、顱內出血導致嚴重腦傷，不管是醒過來的時候，還是昏迷的時候，都需要由二十四小時外傭協助打理。我今年剛滿四十三歲，在父親昏迷之後，就搬回去跟媽媽住在一起。

我和父親從小的感情就很好。以前我去跑業務，跑的區域很難找到停車位，父親一個禮拜會陪著我出去工作三天，放我下車後，就幫我顧著車，讓我能專心跑業務。直到現在，父親躺在床上，還是維持著這個期待，每逢星期一、三、五就會問我說：「今天要不要幫妳顧車？」

## 沒有你，我活不下去！

當初父親送進急診室，急診醫生第一時間通知家屬到場時，他已經插著管，失去了意識，我跪在急診室的外面大哭，媽媽幫我問醫生：「我們可不可以看他一眼就好。」醫生才勉強的點頭同意。我們在裡面牽著父親的手，媽媽發現他會像平常一樣用手敲她，於是對我說：「妳來握爸爸。」

我握著父親的手，問他：「爸爸，你有聽到我的聲音嗎？」他突然敲了我兩下，像平常開車時，敲著我的手一樣，是我們彼此互動的一個暗號。由於我不確定是不是反射動作，因此又問了一次父親：「爸爸，我跟你確定一件事，你有聽到我的聲音，就再敲我兩下。」

我感受到父親又敲了我兩下，於是再也克制不住情緒大聲地說：「爸爸，你要聽清楚，你一定要撐下去，沒有你，我活不下去。我會在外面等你！你有聽到嗎？」直到醫生推他進手術室之前，我感受到父親又敲了兩下。

## 回家？去機構？爭執不休的手足衝突

父親手術之後，昏迷了很長一段時間，這段期間我們也曾經掙扎過，不確定他到底會不會清醒過來，我的兄弟們都回來陪在他身邊，每天不停地對著父親說話。我記得自己生日時，許了唯一的一個願望就是希望父親回家，即使是昏迷狀態，醫院住滿一段時間，也必須出院、轉院適應新環境。

因此，在父親還沒清醒的時候，我就下定決心把所有需要的設備，包括醫療床、抽痰、氧氣機，全部買回家，等到父親回來之後，就能發現家人都陪在他旁邊，讓他比較有歸屬感。

當時我自己的兄弟，包括親戚們，常常都會發生想法上衝突，吵成一團的狀況時常可見。我自己有兩個哥哥和一個弟弟，在父親出事之前，我們從來沒有吵過架。然而，父親一出事，家裡亂成一團，包括醫藥費、養護設備、各種需要用到的耗材，這些金錢該怎麼分擔？家中空間不足要怎麼挪出來？誰來照顧回家的父親？都是很大的問題。在意見分歧上，我盡量尊重自己手足的想法，但是很多事情還是會有爭議，其中，最大的問題一直都是金錢的開銷。

當時，我們請看護一個月必須支付七萬二的費用，加上開一次刀，十幾、二十萬就這樣瞬間消失。爸爸車禍開完刀後，還有一個引流管的排血手術，引流管必須自費，但是如果不裝，每次都需要重複動刀，醫生認為，這樣對父親會是一個折磨。包括引流管、頭骨鋼釘在內，每一次十幾萬的支出，總是來得很突然，然後就得硬著頭皮籌錢下去。

照顧父親的過程中，哥哥也曾提過要把父親送進養護中心，才能得到比較完善的照顧。但我自己沒有辦法接受，總覺得養護機構少了一些溫暖，就算父親沒醒，只要待在家裡，每天都能回家陪他，回到家、回到自己熟悉的環境，最起碼家人們都在，我覺得對父親會更有益處。

因此，儘管有爭議，還是毅然決然地把父親自己接回家照顧，請了居家護理定期來看父親的狀況，有了專業人員協助，有任何問題都能互相聯繫，也比較不怕出院的斷層，原本對回家遲疑的兄弟們，最後也比較能接受這樣的方式，妥協了。

## 妳是我唯一的女兒啊！

父親在十一月的時候回到家裡，剛開始，有幾個醫生朋友對於父親的狀況感到不太樂觀，認為最後他可能不會醒。醫生朋友們告訴我**幾個判斷清醒的方法**，必須要當你問病人：「我是誰，你知道嗎？」或是「你知道我是你女兒嗎？」問了他的反應不管是點頭或是搖頭，只要回答正確，就是清醒的表現。

一直到了去年過年，記得那是個很冷的冬天，初一、初二那兩天，外婆來我們家吃飯，我問父親：「我在哪裡？女兒在哪裡？」他就會用雙手指著我，當我詢問：「外婆在哪裡？」他就指著外婆，但卻仍然無法發出聲音。

大年初四的那個晚上，因為前一天泌尿道發炎，我帶他去醫院施打抗生素，感覺父親在混亂中，好像又想講些什麼，於是我又嘗試問了一次父親：**「爸爸，我是誰？」他第一句話就回答：「妳是我唯一的女兒！」**從那一天開始直到現在，我們問他話，他都可以正確回答，父親終於清醒了！

## 正確用藥，輔助身心健康

父親剛清醒的時候，第一件事就是想著自殺，直到現在，偶爾都會請我去西藥房幫他買自殺藥。

父親本來是個很樂觀的人，但車禍帶給他實在太大的打擊，包括左半邊癱瘓，活動需要旁人協助……他覺得拖累我們，總是問：「醫藥費應該花了幾百萬吧？」因此總是有著自殺意圖，情況嚴重的時候，幾乎是眼睛一睜開，就說他要去死。

當時的我，無法理解父親為什麼想尋死，每次想到都忍不住哭出來，想著自己好不容易把父親救活了，父親也清醒了，卻總是嚷著要去死。

後來精神科醫生開導我，如果換位思考，換成自己的時候，是不是也會想死？他告訴我：「有關父親情緒的部分，你應該要站在他的立場上想一想。」對於父親想死的念頭，就比較能釋懷了。

父親的輕生念頭，後來嘗試透過精神科醫生的建議，原本的我，不希望父親吃太多藥，因為原本的用藥就很多。然而，醫生嘗試跟我解釋，如果用藥的情況是加分，不是扣分，就不該害怕用藥。我和家人商量過的結果，決定讓父親用藥一個月試試看。那陣子，他確實變得比較樂觀，晚上可以好好睡覺之外，也較不會胡思亂想，不再一直嚷著想去死。

從父親開始復健的這兩年多過程，很多觀念都跟著父親在學習，以前沒有遇過，從來不知道身處其中的感受，不知道如果真的需要藥物時，不過度畏懼用藥，才能好好輔助父親的身心靈健康，讓他的失眠問題改善，精神也回復穩定狀態。父親的狀況穩定，對我而言，就是最好的回饋。

## 愛的「動態回顧」

父親沒有醒過來之前，無法確定他到底會不會醒來，當時，很多人都給我力量，要我把專注力放在父親身上，去找資料、看書都好，給自己一些動力繼續下去。

後來想到的，就是把這整個照顧過程都作成一個記錄，從父親昏迷到清醒的現在，我拍了很多影片，每天也會放上臉書分享，記錄下照顧父親的過程，因為一路走來都太辛苦了。

我的臉書裡面有一個專屬於父親的相本，叫做「超愛爸爸」，裡面除了有父親生活的點點滴滴，還有家人給他的各種愛的回饋與鼓勵，親戚朋友只要來到家裡，我就幫他拍照，當我不在的時候，就請外傭幫忙拍照。相本裡面滿滿的都是家族成員對他的愛，從他處於昏迷狀態，到他醒來可以跟大家握手，每個人來看他的過程，都把這些片段記錄下來。

臉書每一天都有動態回顧紀錄，例如：去年的今天、兩年前的今天發生了些什麼事，直到現在，我還是透過這項動態回顧，來給予自己更多的勇氣和動力，陪伴父親繼續走下去。

比如說，兩年前的今天，父親的狀況還非常嚴重，五月發生車禍，六月還沒脫離險境，那時候很辛苦、日子很難熬。可是現在父親醒了，一切都雨過天晴了，那些辛苦、吵架，都雲淡風輕地離開了。

除了自我打氣的功能，我也想把這段照顧過程作成紀錄，也許哪天當我退休了，有更多時間把它統整成檔案分享出去，分享給那些曾經，或正面臨同樣照護狀況的朋友，因為對於很多家屬來說，這些過程都太無助了，一步步地、自己緩慢地在黑暗中去摸索、蒐集資料，如果當時有人給了我這份資料，就能幫助自己更有勇敢的走過來。

現在，當然還是希望父親能夠恢復到自己拿拐杖、自行沐浴的狀態，但是我不希望給他太大的壓力，如果不行，只要他能健康地陪在我身邊就足夠了。

有很多病友和病友家屬們都會正面鼓勵我，說他們以前也是父親這樣的情況，復健幾年之後，就能拿著拐杖行走了。我仍然會抱持著這樣的期待，但其實，只要父親健康的待在我身邊，每天可以回家陪他聊天，就很好了。

偶爾，當我工作到晚上七點多還沒回家，父親就會叫外傭打電話給我：「姊姊要回家了嗎？」即使他現在行動不方便，他還是擔心女兒太晚回家，會不安全，我們互相關心、互相陪伴，這是現在我和爸爸，彼此活下去的動力。

## 【附錄一】生命紀錄單

| 日期 | 時間 | 體溫 | 脈搏(次/分鐘) | 呼吸(次/分鐘) | 血壓(mmHg) | 血糖(mg/dl) | 吃 |
|---|---|---|---|---|---|---|---|
| | | | | | | | |
| | | | | | | | |
| | | | | | | | |
| | | | | | | | |
| | | | | | | | |
| | | | | | | | |
| | | | | | | | |
| | | | | | | | |
| | | | | | | | |
| | | | | | | | |
| | | | | | | | |
| | | | | | | | |
| | | | | | | | |
| | | | | | | | |
| | | | | | | | |
| | | | | | | | |

# 【附錄二】全國長期照護中心聯絡資訊

<table>
<tr><th colspan="4">全國長照申請專線：1966</th></tr>
<tr><th>各縣市照管中心服務站</th><th>電話</th><th>傳真</th><th>地址</th></tr>
<tr><th colspan="4">基隆市長期照護管理中心</th></tr>
<tr><td>中心本部</td><td>(02)2434-0234</td><td></td><td>基隆市安樂區安樂路二段 164 號前棟 5 樓（安樂區行政大樓）</td></tr>
<tr><th colspan="4">台北市長期照護管理中心</th></tr>
<tr><td>東區服務站</td><td rowspan="2">(02)2537-1099<br>分機 200-255</td><td rowspan="5">(02)2537-6533</td><td rowspan="5">台北市中山區錦州街 233 號(長照資訊服務諮詢)，各區皆可打：(02)2537-1099</td></tr>
<tr><td>南區服務站</td></tr>
<tr><td>中區服務站</td><td rowspan="2">(02)2537-1099<br>分機 300-312</td></tr>
<tr><td>西區服務站</td></tr>
<tr><td>北區服務站</td><td>(02)2537-1099<br>分機 500-512</td></tr>
</table>

| 新北市長期照護管理中心 | | | |
|---|---|---|---|
| 板橋分站 | (02)2968-3331 | (02)2968-3510 | 新北市板橋區中正路10號5樓 |
| 雙和分站 | (02)2246-4570 | (02)2247-5651 | 新北市中和區南山路4巷3號2樓 |
| 三重分站 | (02)2984-3246 | (02)2247-5651 | 新北市三重區新北大道一段1號2樓 |
| 新店分站 | (02)2911-7079 | (02)2911-0665 | 新北市新店區北新路一段88巷11號4樓 |
| 三峽分站 | (02)2674-2858 | (02)8674-1927 | 新北市三峽區光明路71號3樓 |
| 淡水分站 | (02)2629-7761 | (02)2629-8330 | 新北市淡水區中山路158號3樓 |
| 新莊分站 | (02)2994-9087 | (02)2994-0087 | 新北市新莊區中華路一段2號2樓 |
| 汐止分站 | (02)2690-3966 | (02)2690-7369 | 新北市汐止區新台五路一段266號3樓 |
| 金山分站 | (02)2498-9898 分機2011 | | 新北市金山區玉爐路7號 |

| 桃園市長期照護管理中心 | | | |
|---|---|---|---|
| 衛生局總站 | (03)332-1328<br>(03)338-3873 | (03)332-1338 | 桃園市桃園區縣府路 55 號 1 樓 |
| 南區分站 | (03)461-3990 | (03)461-3992 | 桃園市中壢區溪洲街 298 號 4 樓 |
| 復興分站 | (03)382-1265<br>分機 503 | (03)382-1843 | 桃園市復興區澤仁里中正路 25 號 |
| **新竹市長期照護管理中心** | | | |
| 中心本部 | (03)535-5191 | (03)535-5230 | 新竹市中央路 241 號 10 樓 |
| **新竹縣長期照護管理中心** | | | |
| 中心本部 | (03)551-8101<br>分機 5210-5221 | (03)553-1569 | 新竹縣竹北市光明六路 10 號 B 棟 4 樓 |
| **苗栗縣長期照護管理中心** | | | |
| 苗栗總站 | (037)559-316<br>(037)559-346 | (037)559-484 | 苗栗市府前路 1 號 5 樓<br>（苗栗縣政府第 2 辦公大樓） |
| 頭份分站 | (037)684-074 | (037)683-481 | 苗栗縣頭份鎮頭份里顯會路 72 號 3 樓<br>（苗栗縣頭份鎮衛生所） |

| 台中市長期照護管理中心 | | | |
|---|---|---|---|
| 豐原總站 | (04)2515-2888 | (04)2515-8188 | 台中市豐原區中興路136號（台中市衛生局4樓） |
| 北區分站 | (04)2236-3260 | (04)2236-3277 | 台中市北區永興街301號（北區區公所6樓） |
| 大甲分站 | (04)2676-2170 分機22、23 | | 台中市大甲區文武里德興路81號（大甲區衛生所） |
| 大安分站 | (04)2671-1985 | | 台中市大安區中山南路333號（大安區衛生所） |
| 清水分站 | (04)2622-2639 分機312、315 | | 台中市清水區中山路92號（清水區衛生所） |
| 沙鹿分站 | (04)2662-5040 分機227 | | 台中市沙鹿區文昌街20號（沙鹿區衛生所） |
| 烏日分站 | (04)2338-1027 分機205 | | 台中市烏日區長樂街136號（烏日區衛生所） |
| 大里分站 | (04)2406-4416 | | 台中市大里區大衛路82號（大里區衛生所） |

| | | | |
|---|---|---|---|
| 新社分站 | (04)2581-3514 | | 台中市新社區興社街四段 11 巷 1 號（新社區衛生所） |
| 南投縣長期照護管理中心 | | | |
| 中心本部 | (049)220-9595 | (049)224-7343 | 南投縣南投市復興路 6 號 |
| 彰化縣長期照護管理中心 | | | |
| 中心本部 | (04)727-8503 | (04)726-6569 | 彰化市曉陽路 1 號 5-6 樓 |
| 雲林縣長期照護管理中心 | | | |
| 中心本部 | (05)5352-880 | (05)5345-520 | 雲林縣斗六市府文路 22 號（斗六地政事務所對面） |
| 嘉義市長期照護管理中心 | | | |
| 中心本部 | (05)233-6889 | (05)233-6882 | 嘉義市德明路 1 號（市府衛生局 1 樓北棟） |
| 嘉義縣長期照護管理中心 | | | |
| 中心本部 | (05)362-5750 | (05)362-5790 | 嘉義縣太保市祥和二路東段 3 號 |

| 台南市長期照護管理中心 | | | |
|---|---|---|---|
| 中心本部 | (06)293-1232<br>(06)293-1233 | (06)298-6826 | 台南市安平區中華西路二段 315 號 6 樓（臺南市社會福利綜合大樓） |
| 新營分站 | (06)632-1994<br>(06)632-3884 | (06)632-5458 | 台南市新營區府西路 36 號 3 樓（社會福利大樓） |
| 東區分站 | (06)209-3133 | (06)209-1911 | 台南市東區林森路二段 500 號（無障礙之家） |
| 佳里分站 | (06)722-1713 | (06)722-1550 | 台南市佳里區文新里 015 鄰佳安東路 6 號（佳里多摩市社區） |
| 高雄市長期照顧管理中心 | | | |
| 中心本部 | (07)713-4000<br>(07)713-4003<br>(07)713-4005 | (07)722-6940 | 高雄市苓雅區凱旋二路 132 號 |
| 屏東縣長期照護管理中心 | | | |
| 中心本部 | (08)766-2900<br>(08)766-2908<br>（外看專線） | (08)766-2906 | 屏東市自由路 527 號（屏東縣政府北棟 2 樓） |
| 屏東市分站 | (08)735-1010 | (08)737-2032 | 屏東市自由路 272 號（屏東縣政府衛生局） |

| | | | |
|---|---|---|---|
| 高樹鄉分站 | (08)796-0222 | (08)796-5915 | 屏東縣高樹鄉長榮村南昌路 12 之 2 號（高樹鄉衛生所 2 樓） |
| 崁頂鄉分站 | (08)863-2102 | (08)863-2106 | 屏東縣崁頂鄉崁頂村興農路 29-9 號（崁頂鄉衛生所） |
| 萬巒鄉分站 | (08)781-1700 | (08)781-3758 | 萬巒鄉萬全村褒忠路 12 之 10 號（萬巒鄉三村聯合集合所活動中心） |
| 枋寮鄉分站 | (08)878-1101 | (08)878-0029 | 屏東縣枋寮鄉保生村海邊路 6 號（枋寮社福中心 3 樓） |
| 恆春鎮分站 | (08)889-2199 | (08)888-2240 | 屏東縣恆春鎮文化路 78 號（恆春鎮衛生所） |
| 枋山鄉分站 | (08)876-1861 | (08)876-1153 | 屏東縣枋山鄉枋山村枋山路 98 號（枋山鄉衛生所） |
| 來義鄉分站 | (08)785-1113 | (08)785-1701 | 屏東縣來義鄉古樓村中正路 90 號（來義鄉衛生所） |
| 春日鄉分站 | (08)878-5945 | (08)878-2297 | 屏東縣春日鄉春日村 176 號（春日鄉衛生所） |

| | | | |
|---|---|---|---|
| 琉球鄉分站 | (08)861-3034 | (08)861-2966 | 屏東縣琉球鄉本福村中山路 51 號（琉球鄉衛生所） |
| 三地門鄉分站 | (08)799-2261 | (08)799-3759 | 屏東縣三地門鄉三地村行政街 4 號（三地門鄉衛生所） |
| 牡丹鄉分站 | (08)883-1083 | (08)883-1402 | 屏東縣牡丹鄉石門村石門路 19 號（牡丹鄉衛生所） |
| 瑪家鄉分站 | (08)799-5011 | (08)799-3762 | 屏東縣瑪家鄉北葉村風景巷 86 號（瑪家鄉衛生所） |
| 霧台鄉分站 | (08)790-2605 | (08)790-2336 | 屏東縣霧台鄉霧台村神山巷 68 號（霧台鄉衛生所） |
| 泰武鄉分站 | (08)783-6002 | (08)783-4029 | 屏東縣泰武鄉佳平村 179 號（泰武鄉衛生所） |
| 滿州鄉分站 | (08)880-1567 | (08)880-1854 | 屏東縣滿州鄉中山路 31 號（滿州鄉衛生所） |
| 獅子鄉分站 | (08)877-1535 | (08)877-0240 | 屏東縣獅子鄉楓林村二巷 31 號（獅子鄉衛生所） |

| 宜蘭縣長期照護管理中心 | | | |
|---|---|---|---|
| 中心本部 | (03)935-9990 | (03)935-9993 | 宜蘭市聖後街 141 號（長照大樓） |
| 花蓮縣（市）長期照護管理中心 | | | |
| 北區分站 | (03) 822-2911<br>(03) 822-6889 | (03) 822-8934 | 花蓮市文苑路 12 號 3 樓<br>（社會福利館） |
| 南區分站 | (03) 898-0220 | (03) 898-0197 | 花蓮縣玉里鎮中正路 152 號<br>（玉里鎮衛生所） |
| 秀林偏遠長照據點 | (03) 861-2319 | (03) 861-2319 | 花蓮縣秀林鄉秀林村 90 號 |
| 豐濱偏遠長照據點 | (03) 879-1385<br>分機 217 | (03) 879-1781 | 花蓮縣豐濱鄉豐濱村光豐路 41 號 |
| 卓溪偏遠長照據點 | (03) 888-5638 | (03) 888-4948 | 花蓮縣卓溪鄉卓清村卓樂 17 號（卓清衛生室） |
| 瑞穗偏遠長照據點 | (03)887-0338 | (03) 887-0137 | 花蓮縣瑞穗鄉民生街 75 號<br>（瑞穗鄉衛生所） |

| 台東縣長期照護管理中心 | | | |
|---|---|---|---|
| 中心本部 | (089)330-068 | (089) 340-705 | 台東縣臺東市博愛路336 號 1 樓 |
| 澎湖縣長期照護管理中心 | | | |
| 中心本部 | (06)926-7242<br>(06)927-2162<br>分機 266-269 | | 澎湖縣馬公市中正路115 號<br>（澎湖縣政府衛生局1 樓） |
| 連江縣長期照護管理中心 | | | |
| 中心本部 | (0836)220-95<br>分機 211 | (0836)223-77 | 連江縣馬祖南竿鄉復興村 216-1 號<br>（衛生局後面） |
| 金門縣長期照護管理中心 | | | |
| 中心本部 | (082)334-228<br>(082)337-521<br>分機 118、119、120 | (082)335-114 | 金門縣金湖鎮新市里中正路 1-1 號 2 樓<br>（衛生行政大樓 2 樓） |

# 精選好書　盡在博思

Facebook 粉絲團 facebook.com/BroadThinkTank
博思智庫官網 http://www.broadthink.com.tw/
博士健康網 | DR. HEALTH http://www.healthdoctor.com.tw/

## GOAL

生命的目標在前方，始終不受風浪侵擾，帶領航向偉大的里程。

**存在的離開：**
**癌症病房裡的一千零一夜**
林怡芳 ◎ 著
定價 ◎ 280 元

「你已經加油很久了，這次就不幫你加油了！」
學會再見，才懂怎麼活下來。
因為彼此陪伴，眼淚是活過的證明，
當我再次說出你的故事，感動的淚水早已在眼眶中打轉……

**勇渡波瀾的抗癌鬥士**
**遠離惡病質找到抗癌**
**成功的關鍵**
財團法人台灣癌症基金會 ◎ 編著
定價 ◎ 280 元

面對疾病，我們需要的是——
病痛面前，才感受生命的重量
在看清人生長度的時刻，感悟「疾病」與「生活」
原來密不可分！

**傾聽情緒：**
**罹癌長輩與家屬的**
**心理照顧**
財團法人亞太心理腫瘤學交流基金會 ◎ 總策劃
方俊凱、蔡惠芳 ◎ 著
定價 ◎ 300 元

當疾病降臨，該如何學習生命最重要的一堂課？
第一線的醫療陪伴，精神科醫師與心理師
陪你練習，面對未知的不捨

**媽媽 我好想妳：**
**給病人與家人的**
**關懷手記（中英對照）**
財團法人亞太心理腫瘤學交流基金會 ◎ 編著
定價 ◎ 280 元

學術界、教育界、醫學界等聯合暖心推薦！
當最親密的家人，得了「比感冒還嚴重的病」，你感覺到了什麼？
繪本故事＋專家聆聽解析，重新找回，堅韌安寧的心靈力量

# 美好生活

幸福不需外求，懂得生活、享受生命，就能走向美好境地。

**走對路少生病：**
**關節、筋膜大小毛病無障礙**

羅明哲 ◎ 著
定價 ◎ 350 元

走路能力影響照護成敗 80% 這是照護者的必備手冊，輕鬆學習防跌、正確使用輔具，改善行動障礙，協助家中長者自立行走！
跟著足部量測、輔具專家學正確步態，立即舒緩你的關節炎、筋膜炎、腰痠腳痛！讓你站更穩、走更久

**運動吧，全人類！**
**BOSS 健身一次到位的訓練指南**

BOSS 健身工作室 ◎ 著
黃威皓 ◎ 總審訂
吳韶倫 ◎ 總校閱
定價 ◎ 350 元

戰鬥開始了，一起變強吧！
專為想運動的人類們所量身打造的日常鍛鍊書！
6 大重點鍛鍊指南、12 位 BOSS 專業教練群、78 組操練動作示範，參考美國肌力與體能協會、運動醫學協會訓練指導方針，帶來健身運動最權威的資訊！

**拍毒聖經：**
**破解五大族群**
**健康困擾的拍打排毒**

林英權 ◎ 總策劃
定價 ◎ 300 元

拍對經絡，去瘀排毒，五大族群對症、強化，全面拍打療癒法！所有痠痛疾病，是因為毒素藏在穴道中！
竹科上班族、跑步團、登山隊、婆婆媽媽有效熱薦，透視毒素，追朔疾病源頭——水腫肥胖、骨質疏鬆、關節疼痛、腹脹便秘，拍打全身穴位徹底改善痠、痛、病！

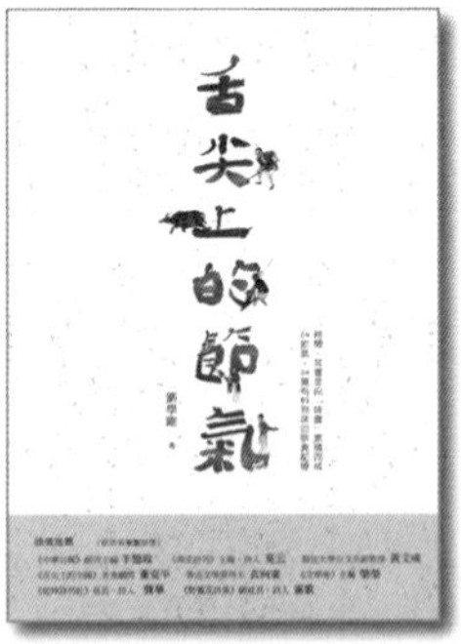


**舌尖上的節氣**

劉學剛 ◎ 著
定價 ◎ 300 元

時間，其實是由「味蕾」累積而成
24 節氣，24 篇有料有味的飲食記憶
關於季節，加上故事，能蹦出什麼新滋味？
從散文詩詞、學術專業，回歸原始的土地記憶，多年來，「書生」劉學剛在文學間游走，最後於節氣吃食中，找回土地的親密關係。

# 預防醫學

預防重於治療，見微知著，讓預防醫學恢復淨化我們的身心靈。

**血糖代謝自癒力：**
**不生病的營養健康療方**

歐瀚文 醫師、
汪立典 營養師 ◎編著
定價 ◎ 300 元

This book a day, keeps the doctor away.
代謝失靈、肥胖、腸漏症、心臟病？……可能是血糖惹的禍
有病才找醫生，已經太遲！
家醫科醫師、營養師教你：平衡血糖不生病！

**顧好腸胃不生病：**
**180 道暖腸健胃**
**抗加齡食療**

陳品洋 中醫碩士 ◎ 編審
汪立典 營養師 ◎ 專序推薦
定價 ◎ 320 元

顧好腸胃，身體就健康！完全收錄暖腸健胃 180 種食療方！
青春痘、頭痛、高血壓、感冒、腹瀉、糖尿病、自律神經平衡，造成抑鬱、心悸……都可能是腸胃惹的禍！？
錯誤的飲食會傷害人的腸胃，耗損體內大量的酵素（包含維生素及礦物質），最終導致疾病。照顧好腸胃，全身都受惠！

**自體免疫排毒有方：**
**養好抗過敏體質**
**100 道中西營養食療**

汪立典 營養師、
陳品洋 中醫博士 ◎ 編著
定價 ◎ 280 元

提升免疫力，改善過敏唯一解！
中西醫聯手，營養學觀念釐清、100 道中醫食補
中醫九大分型、對症下藥，終結過敏，就是簡單！

**自體免疫自救解方：**
**反轉發炎，改善腸躁、**
**排除身體毒素的**
**革命性療法**

艾米．邁爾斯醫師
（AMY MYERS, M.D.）◎ 著
歐瀚文 醫師 ◎ 編譯
定價 ◎ 420 元

全世界超過 90%的人，正遭受發炎或自體免疫疾病之苦！
過敏、肥胖、哮喘、心血管疾病、纖維肌痛、狼瘡、腸躁症、慢性頭痛，都可能是自體免疫系統的問題！
革命性醫學突破──自體免疫療法，完整營養對策，全面對抗自體免疫疾病！

國家圖書館出版品預行編目 (CIP) 資料

在宅安心顧，圖解長期照護指南 / 蔣曉文總審訂 .
-- 第一版 . -- 臺北市 : 博思智庫 , 民 107.09,
面 ; 公分 . -- ( 美好生活 ; 28)

ISBN 978-986-96296-3-8( 平裝 )

1. 家庭護理 2. 長期照護

429.5　　107010290

美好生活 28

在宅安心顧，圖解長期照護指南

總審訂｜蔣曉文
主　編｜吳翔逸
執行編輯｜李海榕
專案編輯｜木容
資料協力｜陳瑞玲
美術設計｜蔡雅芬

發行人｜黃輝煌
社　長｜蕭艷秋
財務顧問｜蕭聰傑
出版者｜博思智庫股份有限公司
地　址｜104 台北市中山區松江路 206 號 14 樓之 4
電　話｜(02)25623277
傳　真｜(02)25632892

總代理｜聯合發行股份有限公司
電　話｜(02)29178022
傳　真｜(02)29156275

印　製｜永光彩色印刷股份有限公司
定　價｜350 元
第一版第一刷 中華民國 107 年 9 月

ISBN 978-986-96296-3-8


博思智庫股份有限公司

博思智庫粉絲團　Facebook.com/broadthinktank